Introdução à climatologia:
conceitos, pesquisas e ensino

Introdução à climatologia:
conceitos, pesquisas e ensino

Adriano Ávila Goulart
Thiago Kich Fogaça

2ª edição

Rua Clara Vendramin, 58 . Mossunguê . CEP 81200-170 . Curitiba . PR . Brasil
Fone: (41) 2106-4170 . www.intersaberes.com . editora@intersaberes.com

Conselho editorial	Capa
Dr. Alexandre Coutinho Pagliarini	Luana Machado Amaro (*design*)
Dr.ª Elena Godoy	Charles L. da Silva (adaptação)
Dr. Neri dos Santos	Projeto gráfico
M.ª Maria Lúcia Prado Sabatella	Mayra Yoshizawa (*design*)
Editora-chefe	ildogesto e MimaCZ/
Lindsay Azambuja	Shutterstock (imagens)
Gerente editorial	Diagramação
Ariadne Nunes Wenger	Bruna Jorge
Assistente editorial	Equipe de *design*
Daniela Viroli Pereira Pinto	Sílvio Gabriel Spannenberg
Edição de texto	Charles L. da Silva
Monique Francis Fagundes Gonçalves	Iconografia
Tiago Krelling Marinaska	Regina Claudia Cruz Prestes

Dados Internacionais de Catalogação na Publicação (CIP)
(Câmara Brasileira do Livro, SP, Brasil)

1ª edição, 2018.
2ª edição, 2023.

Foi feito o depósito legal.

Informamos que é de inteira responsabilidade dos autores a emissão de conceitos.

Nenhuma parte desta publicação poderá ser reproduzida por qualquer meio ou forma sem a prévia autorização da Editora InterSaberes.

A violação dos direitos autorais é crime estabelecido na Lei n. 9.610/1998 e punido pelo art. 184 do Código Penal.

Goulart, Adriano Ávila
    Introdução à climatologia : conceitos, pesquisas e ensino / Adriano Ávila Goulart, Thiago Kich Fogaça. -- 2. ed. -- Curitiba, PR : Editora Intersaberes, 2023.

    Bibliografia.
    ISBN 978-85-227-0659-4

    1. Brasil - Clima 2. Clima 3. Climatologia 4. Mudanças climáticas I. Fogaça, Thiago Kich. II. Título.

23-152449   CDD-551.69

Índices para catálogo sistemático:
1. Climatologia : Aspectos ambientais : Ciências da terra   551.69

Eliane de Freitas Leite - Bibliotecária - CRB 8/8415

Sumário

Apresentação | 9
Organização didático-pedagógica | 13

1. Climatologia: apresentação dos estudos do clima | 17
    1.1 Definição da área de estudo da climatologia | 19
    1.2 Aspectos gerais e históricos da climatologia | 24
    1.3 Escalas de abordagem | 30

2. Os atributos físicos da atmosfera e a radiação solar | 43
    2.1 Divisão da atmosfera | 45
    2.2 Atributos físico-químicos da atmosfera | 49
    2.3 Radiação solar | 51
    2.4 Balanço de energia solar | 58

3. Elementos e fatores do clima | 69
    3.1 Elementos do clima | 71
    3.2 Fatores do clima | 71

4. Dinâmicas da atmosfera | 105
    4.1 Circulação geral da atmosfera | 107
    4.2 Dinâmica atmosférica e centros de ação | 113
    4.3 Massas de ar | 118
    4.4 Frentes | 123
    4.5 Dinâmica das massas de ar atuantes na América do Sul | 128

5. **Dinâmicas do clima em escalas regional e global e classificações climáticas | 139**
   5.1 Zonas de convergência | 141
   5.2 El Niño-Oscilação Sul (Enos) e La Niña | 146
   5.3 Classificações climáticas | 152
   5.4 Considerações | 158

6. **Os climas do Brasil | 165**
   6.1 O clima do Norte | 167
   6.2 O clima do Nordeste | 172
   6.3 O clima do Centro-Oeste | 178
   6.4 O clima do Sudeste | 182
   6.5 O clima do Sul | 186
   6.6 Classificação climática do Brasil | 192

7. **As mudanças climáticas globais | 201**
   7.1 Escalas geográficas do clima e mudanças climáticas | 203
   7.2 Efeito estufa e agentes causadores do aquecimento global | 205
   7.3 Diferentes visões sobre o aquecimento global | 210
   7.4 Governança e mudanças climáticas | 218
   7.5 Considerações | 227

8. **Pesquisa e ensino em climatologia | 235**
   8.1 A pesquisa em climatologia: primeiras aproximações | 237
   8.2 O ensino de climatologia | 246
   8.3 Considerações | 258

Considerações finais | 265
Referências | 267
Bibliografia comentada | 279
Respostas | 281
Sobre os autores | 293
Anexos | 295

Apresentação

Este livro apresenta as bases conceituais dos estudos de climatologia, com enfoque na discussão acerca dessa área no nível superior de ensino – sem, no entanto, desconsiderar a função social dos profissionais atuantes na educação básica e a disseminação de conhecimento para toda a população. A relevância da climatologia para a análise da paisagem evidencia-se com a intersecção das bases dessa ciência com as demais áreas da geografia.

A linguagem e a estrutura utilizadas foram pensadas de maneira a facilitar a sua compreensão, e os conteúdos, organizados de forma a aproximar a climatologia da realidade cotidiana.

Organizado em oito capítulos, em uma sequência lógica para a construção do conhecimento, esta obra tem uma abordagem horizontal, na medida em que permite o aprofundamento em questões específicas de seu interesse. No primeiro capítulo, "Climatologia: apresentação dos estudos do clima", apresentamos os principais conceitos da climatologia, bem como seu histórico na condição de ciência, e caracterizamos suas escalas de abordagem, tanto espaciais quanto temporais. Após o domínio conceitual e escalar dessa ciência, fez-se necessário tratar da atmosfera, um dos principais conceitos de abordagem da climatologia.

No segundo capítulo, "Os atributos físicos da atmosfera e a radiação solar", abordamos a divisão da atmosfera, tanto física – relacionado à sua estrutura – quanto química – que trata de sua composição. Além disso, propomos a discussão sobre as interações entre a atmosfera e a radiação solar, além dos cálculos relativos ao balanço de radiação.

Os "Elementos e fatores do clima" são os assuntos abordados no terceiro capítulo. Após sua caracterização, destacamos as relações existentes entre estes nos campos térmico, higrométrico e barométrico.

No quarto capítulo, "Dinâmicas da atmosfera", o objetivo foi apresentar as características da circulação atmosférica por meio da espacialização e da análise dos centros de ação, das massas de ar e das frentes frias. Propomos, também, uma correlação entre o clima e outros fatores e elementos que constituem e alteram a paisagem.

Já no quinto capítulo, tratamos das "Dinâmicas do clima em escalas regional e global e classificações climáticas". Nele, explicamos a atuação das zonas de convergência, além de abordar brevemente as anomalias climáticas que afetam nosso continente, como o *El Niño* e a *La Niña*. Por fim, apresentamos as principais classificações climáticas dos diferentes climas na escala global.

Em abordagem mais analítica, no sexto capítulo, "Os climas do Brasil", apresentamos os principais centros de ação que formam o mosaico climático do país, assim como os principais fatores que condicionam a classificação dos tipos climáticos regionais.

No sétimo capítulo, "As mudanças climáticas globais", tratamos de uma discussão de grande relevância na atualidade: as mudanças e variabilidades climáticas. A discussão foi construída com base em uma visão dialética das diferentes visões que apresentam argumentos conflitantes, promovendo a construção de uma visão de conjunto dos principais pontos de vista presentes na esfera acadêmica.

No oitavo e último capítulo, "Pesquisa e ensino em climatologia", tratamos da climatologia na academia e dos desdobramentos na prática dos licenciados em Geografia no Brasil. Evidenciamos os principais grupos de pesquisa científica do país e abordamos seus papéis na disseminação de conhecimento para a sociedade. Além disso, mediante a análise de material didático, chamamos a atenção para o ensino de climatologia, tendo em vista que toda sociedade é condicionada pelos fatores climáticos, razão por que o conhecimento se faz necessário na criação de ambientes mais saudáveis e equilibrados.

Esperamos que esta obra contribua para o ensino e o aprendizado da climatologia e sirva de base para a compreensão da paisagem e, consequentemente, da geografia.

Organização didático-pedagógica

Esta seção tem a finalidade de apresentar os recursos de aprendizagem utilizados no decorrer da obra, de modo a evidenciar os aspectos didático-pedagógicos que nortearam o planejamento do material e elucidar a forma como você pode tirar o melhor proveito dos conteúdos para seu aprendizado.

Introdução do capítulo
Logo na abertura do capítulo, você é informado a respeito dos conteúdos que nele serão abordados, bem como dos objetivos que os autores pretendem alcançar.

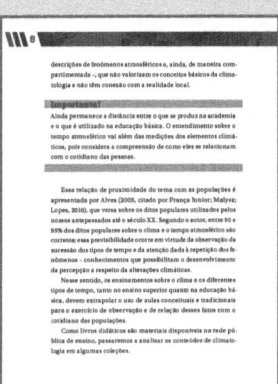

Importante!
Algumas informações importantes aparecem nesta seção. Aproveite para fazer sua própria reflexão sobre os conteúdos apresentados.

Fique atento!

Aqui você encontra informações ou questionamentos que fazem um convite à reflexão sobre o tema abordado na seção.

Síntese

Você conta, nesta seção, com um recurso que o instigará a fazer uma reflexão sobre os conteúdos estudados, de modo a contribuir para que as conclusões a que você chegou sejam reafirmadas ou redefinidas.

Indicações culturais

Nesta seção, os autores oferecem algumas indicações de livros, filmes ou *sites* que podem ajudá-lo a refletir sobre os conteúdos estudados e permitem o aprofundamento em seu processo de aprendizagem.

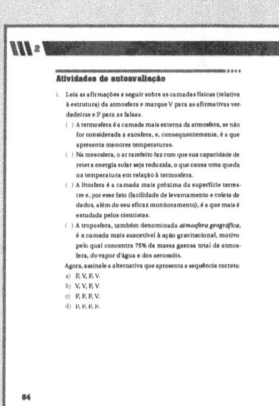

Atividades de autoavaliação

Com estas questões objetivas, você tem a oportunidade de verificar o grau de assimilação dos conceitos examinados, motivando-se a progredir em seus estudos e a se preparar para outras atividades avaliativas.

Atividades de aprendizagem

Aqui você dispõe de questões cujo objetivo é levá-lo a analisar criticamente determinado assunto e a aproximar conhecimentos teóricos e práticos.

Bibliografia comentada

Nesta seção, você encontra comentários acerca de algumas obras de referência para o estudo dos temas examinados.

I

Climatologia: apresentação dos estudos do clima

Adriano Ávila Goulart

O ser humano, ao compreender o comportamento da atmosfera, deixa de estar sujeito às intempéries naturais e à aleatoriedade da natureza; com isso, passa não apenas a conhecê-la, mas também a pensar na utilização da paisagem de acordo com a potencialidade que esta tem. O clima, por meio do estudo da climatologia, é um elemento fundamental na delimitação desse potencial paisagístico.

Neste primeiro capítulo, apresentaremos conceitos básicos que fundamentam a climatologia, bem como um breve histórico dessa ciência e questões de escalas de análise que frequentemente a permeiam.

1.1 Definição da área de estudo da climatologia

Ciência subordinada à geografia, a **climatologia** dedica-se ao estudo dos padrões climáticos da atmosfera e de suas interações com os elementos geomorfológicos, hidrológicos, biológicos e antrópicos, observados por um período de tempo relativamente longo (Conti, 2001; Mendonça; Danni-Oliveira, 2007).

Um conceito de climatologia que aparece de forma recorrente é o de María Fernanda Pita. Para a autora, "a climatologia pode ser definida como a ciência que se ocupa do estudo da distribuição dos climas sobre a superfície terrestre e de suas relações com os demais componentes geográficos que compõem as paisagens do globo" (Pita, 2009b, p. 9, tradução nossa).

Em ambos os conceitos apresentados pode-se notar a participação intrínseca da abordagem geográfica, o que justifica a subordinação da climatologia à geografia. Segundo José Bueno Conti (2001), o estudo do clima sempre esteve presente na abordagem dos geógrafos, desde os primeiros trabalhos, marcados predominantemente pelas descrições das regiões. Isso porque o clima é o agente exógeno de maior interferência nos processos de esculturação da paisagem – ou seja, de modelado do relevo – e até mesmo um fator influente no uso e na ocupação do solo e na organização do espaço como um todo.

O estudo da climatologia não é relevante apenas para a geografia, visto que ocupa uma posição central no amplo espectro das ciências ambientais de forma interdisciplinar. Segundo J. O. Ayoade (2002), os processos atmosféricos influenciam e são influenciados pela biosfera, pela hidrosfera e pela litosfera. O clima atua diretamente, em maior ou menor grau, na ação do intemperismo sofrido pelas rochas, no estabelecimento de espécies vegetais e animais e na regulação de seus metabolismos, bem como na organização dos aglomerados antrópicos e de suas atividades cotidianas. Sendo assim, a compreensão dos climas que caracterizam as paisagens do globo, tanto os atuais quanto os passados, é fundamental para as análises geomorfológicas, pedológicas e ecológicas. Atualmente, a climatologia está relacionada à modelagem de cenários preditivos da atmosfera, já que o ser humano passou a alterar a paisagem de maneira significativa.

1.1.1 Meteorologia × climatologia

Ao se estudar a atmosfera, é necessário compreender a diferença entre dois conceitos frequentemente utilizados sem qualquer rigor: tempo e clima. Essa distinção relaciona-se à definição dos objetos de estudo da meteorologia e da climatologia, respectivamente, como explicaremos a seguir.

A ***meteorologia*** é compreendida, segundo Ayoade (2002), "como a ciência da atmosfera e está relacionada ao estado físico, dinâmico e químico da atmosfera e às interações entre eles e a superfície terrestre subjacente". A noção da atmosfera associada ao efêmero, ao conjuntural e ao fugaz seria a de *tempo* definido como um estado físico da atmosfera de um dado momento em algum lugar (Pita, 2009b). O termo ***tempo*** – em inglês, *weather* – pode ser compreendido como o estado médio da atmosfera em determinados lugar e recorte temporal (Ayoade, 2002). Assim, para tratarmos de **estágios transitórios da atmosfera**, a terminologia mais adequada é *tempo*, e não *clima*.

Vale ressaltar a relação estreita entre a meteorologia e a física. Utilizando-se da física clássica para a interpretação do tempo atmosférico e considerando-o como este é o estado momentâneo da atmosfera, é possível compreendê-lo como um conjunto de quatro fatores: radiação (insolação), temperatura, umidade (precipitação, nebulosidade etc.) e pressão (ventos etc.) (Mendonça; Danni-Oliveira, 2007).

Um meteorologista, de acordo com Monteiro (1999), deve aprofundar seus conhecimentos sobre a atmosfera compreendendo sua totalidade (estrutura e propriedades), o que possibilita que extraia da física todo o instrumental necessário à aplicação da meteorologia que culmina na previsão do tempo.

Fenômenos meteorológicos como trovões, raios e nuvens, a composição físico-química do ar e a já citada previsão do tempo são alguns possíveis objetos de estudo da meteorologia (Mendonça; Danni-Oliveira, 2007).

Ao geógrafo, por sua vez, cabe a compreensão das propriedades básicas da atmosfera e, sobretudo, da interferência direta da rugosidade da litosfera (relevo) e das massas de ar tanto oceânicas quanto continentais (Monteiro, 1999).

Fique atento!

Você consegue notar, no seu dia a dia, usos incorretos das terminologias *clima* e *tempo*?

Muito frequentemente a mídia reforça a consolidação de um grave erro relacionado a conceitos. Faça um simples exercício: note como os apresentadores do boletim do tempo referem-se às condições passageiras da atmosfera como *clima* em vez de *tempo*. Não obstante, são comuns as frases "O clima irá mudar essa semana", "Há previsão de instabilidades para o clima na região", entre outras utilizadas no senso comum.

A concepção de **clima**, de acordo com Monteiro (1999), não é analítica, como é a do tempo, mas sintética: o clima deve considerar a dinâmica média de, no mínimo, 30 anos, e não uma análise momentânea do estado da atmosfera em uma localidade – que, por sua vez, está fadado à contínua mudança ao longo do seu desenvolvimento cronológico.

Importante!

O tempo configura-se como algo eventual, que pode ser analisado em um dia (24 horas), e o clima é algo habitual, que se manifesta por meio de regimes (médias) cujas variações podem ser analisadas anualmente.

Pita (2009b) define *clima* como uma série de estados atmosféricos em uma sucessão habitual, média, característica e não aleatória, em que a probabilidade de ocorrência dos distintos estados da atmosfera varia de acordo com a pressão, a temperatura, a umidade e o vento, entre outros fatores, de uma localidade ou região durante um período cronológico determinado, geralmente estabelecido em 30 anos.

Ayoade (2002) reafirma a escala temporal de 30 a 35 anos, mas ressalta que o clima abrange uma generalização de número maior de dados do que as condições médias do tempo, pois inclui os desvios em relação às médias (variabilidade) e às condições extremas, além da probabilidade de ocorrência de determinadas condições de tempo. Portanto, a análise do clima preocupa-se mais com os resultados dos processos atuantes na atmosfera do que com as operações momentâneas do tempo.

Alguns conceitos que comumente aparecem ao nos referirmos ao clima já demonstram uma atenção ao comportamento médio dos elementos atmosféricos, como *média térmica* e *média pluviométrica*. Segundo a Organização Meteorológica Mundial (OMM), as médias estatísticas para utilização em climatologia devem ser estabelecidas com base em séries de dados com período mínimo de 30 anos (Mendonça; Danni-Oliveira, 2007).

Contudo, vale ressaltar que a relação entre meteorologia e climatologia não se limita a uma diferença de escala (Dias; Silva, 2009). Foi por meio da meteorologia, com a mensuração de elementos e fenômenos atmosféricos, que houve a possibilidade de desenvolvimento de um banco de dados sobre o comportamento da atmosfera – o que, por sua vez, viabilizou o desenvolvimento da climatologia (Mendonça; Danni-Oliveira, 2007). Essa área, portanto, pode ser considerada uma subdivisão da geografia e da meteorologia (Ayoade, 2002). Se compreendida como um ramo da geografia, a climatologia deve ser enquadrada no estudo do espaço geográfico e, mais especificamente, da interação da sociedade com a natureza (Mendonça; Danni-Oliveira, 2007).

1.2 Aspectos gerais e históricos da climatologia

Trataremos a seguir do estabelecimento da climatologia como ciência e do desenvolvimento da instrumentação técnica dessa área. Entender o desenvolvimento histórico da climatologia é fundamental para a compreensão dessa temática, uma vez que as pesquisas atuais partem dessa base, ou seja, da evolução histórica.

1.2.1 Origens da climatologia

As condições atmosféricas exercem influência em diversas atividades realizadas pelo ser humano desde as primeiras aglomerações humanas. Aspectos culturais, como arquitetura, culinária e indumentária, e a localização de ambientes destinados a moradia, trabalho, estudo e lazer, por exemplo, interferem diretamente no tempo meteorológico e até mesmo no clima.

Entretanto, a relação entre o ser humano e o tempo/clima não ocorreu sempre da forma como a conhecemos nos dias atuais. Os primeiros a pensar na dinâmica atmosférica, assim como os primeiros cientistas, não dispunham das informações, das técnicas e da capacidade de abstração necessárias à análise climatológica. Sendo assim, alguns dos fenômenos atmosféricos eram sempre relacionados a divindades, fato que é facilmente observado quando nos remetemos a entidades relacionadas a raios, tempestades, trovões, secas prolongadas, enchentes etc. (Ayoade, 2002; Mendonça; Danni-Oliveira, 2007).

Assim como em outros ramos das ciências naturais, o desenvolvimento do conhecimento científico, com explicações fundamentadas na observação sistemática dos fenômenos naturais, possibilitou que fosse formada uma ciência capaz de explicar a dinâmica da atmosfera por meio da observação de seus padrões de comportamento.

Muito antes da utilização de bases cartesianas – atualmente predominantes – para a compreensão da ciência, já havia alguns observadores da atmosfera que estudavam sua dinâmica a fim de mensurar seus elementos e suas propriedades. Considerado um dos berços da civilização ocidental, na região delimitada pelos Rios Tigre e Eufrates, do século XVIII a.C ao VI a.C., estabeleceram-se relevantes núcleos sociais de povos como os sumérios e os babilônicos. O local dos assentamentos está diretamente associado à dinâmica atmosférica e fluvial da região.

Porém, foram os gregos os primeiros povos a documentar e registrar suas reflexões a respeito do comportamento padrão da atmosfera. Tais observações partiram da comparação e da diferenciação entre locais continentais próximos à Grécia e nas proximidades do Mar Mediterrâneo (Mendonça; Danni-Oliveira, 2007). Alguns exemplos dessa época são: Anaximenes, que relacionava a origem da vida ao ar; Hipócrates, com sua obra *Ares, águas e lugares* [ca. 400 a.C.]; e Aristóteles, com *Meteorológica* [ca. 350 a.C.] (Mendonça; Danni-Oliveira, 2007). Assim, os gregos não apenas deram início aos princípios da climatologia atual, mas também foram os responsáveis por iniciar uma generalização sobre o clima da Terra, realizando as primeiras classificações climáticas. As três grandes zonas climáticas da Terra – divididas em zona tórrida, zona temperada e zona fria – são um exemplo de tal contribuição.

Como ocorre em todos os ramos da ciência, após o domínio do Império Romano sobre os gregos, houve uma recessão na produção intelectual, e com a climatologia não foi diferente. Seja pela preocupação dos romanos com o expansionismo do império – ao contrário dos gregos, que priorizavam as reflexões sobre o comportamento dos fenômenos da natureza –, seja pelo caráter religioso que os clérigos cristãos pregavam nos domínios do Império Romano, houve um desestímulo da compreensão da natureza, pois a interpretação do que se relacionava à realidade não fazia parte da filosofia teológica.

Esse quadro de estagnação científica só foi rompido com o Renascimento, que, em virtude do Iluminismo, possibilitou uma retomada na produção intelectual de diversas áreas do conhecimento científico – entre elas a climatologia. Como exemplos dessa retomada da produção de conhecimento na climatologia podemos citar dois instrumentos amplamente utilizados até os dias de hoje: o termômetro, criado por Galileu Galilei em 1593, e o barômetro, criado por Torricelli em 1643 (Ayoade, 2002; Mendonça; Danni-Oliveira, 2007).

1.2.2 Climatologias tradicional, moderna e instrumental

A **climatologia tradicional** iniciou-se concomitantemente com o nascimento da física, no século XVII, quando se estabeleceram as leis da física, que auxiliaram na compreensão do funcionamento do universo.

Com o advento do comércio e do expansionismo europeu, houve a necessidade da otimização do transporte de cargas e mercadorias, além da própria produção dos alimentos e bens, o que necessariamente perpassou pela maior compreensão da atmosfera e de sua dinâmica. Depois, já no século XIX, ocorreu o desenvolvimento do telégrafo, o que permitiu a consolidação de uma organização para o monitoramento da atmosfera, com uma rede de observatórios meteorológicos minimamente organizada (Ayoade, 2002; Pita, 2009b). Com essa sistematização, surgiu, em 1950, a Organização Meteorológica Mundial (OMM), que acabou por unificar os dados, criando o primeiro banco de registros meteorológicos.

O maior avanço científico e tecnológico para a constituição da climatologia como a entendemos atualmente ocorreu durante as duas grandes guerras mundiais, na primeira metade do século XX. Segundo Mendonça e Danni-Oliveira (2007), o conhecimento climatológico era fundamental para a preparação do ataque e da defesa em diferentes locais durante as grandes guerras.

Ciências correlatas e a própria climatologia se desenvolveram no pós-guerra impulsionadas pelos incentivos à criação de novas tecnologias, permitindo maior confiabilidade e rapidez na aquisição de dados e na sistematização destes. Como exemplos de tais desenvolvimentos, podemos citar o melhoramento do sistema de radares e sonares e até mesmo o lançamento de satélites meteorológicos já na década de 1960 (Mendonça; Danni-Oliveira, 2007), o que passou a permitir o monitoramento das condições atmosféricas em várias escalas e em um tempo relativamente mais curto.

Nesse período – segunda metade do século XX –, começou a se desenvolver a base da produção acadêmica de climatologia nos grandes centros universitários, não só dentro dos cursos de Geografia, mas nas ciências ambientais de maneira geral, e foram criados os primeiros serviços meteorológicos nacionais (Pita, 2009b).

Apesar das limitações técnicas e metodológicas, iniciou-se então uma sistematização da distribuição dos distintos tipos de climas que abrangem a superfície terrestre. Mesmo com todas as limitações, essa visão global permitiu um estabelecimento das primeiras leis reguladoras da organização desse mosaico climático (Pita, 2009b). Vale a ressalva de que a compreensão dos climas globais não ocorre de forma independente, necessitando de um entendimento comum dos componentes que formam uma paisagem, como a vegetação, a geomorfologia, a rede de drenagem e outros.

No entanto, a climatologia, assim como diversos ramos da geografia, chegou a um momento histórico em que a descrição dos fenômenos e das formas da paisagem não respondia mais às necessidades da produção científica (Ayoade, 2002). Esse quadro epistemológico alterou-se quando a descrição dos fenômenos atmosféricos não mais foi suficiente – era necessário compreendê-los.

A chamada *climatologia moderna* surgiu com o propósito de contrapor-se à tradicional fase descritiva (Mendonça; Danni-Oliveira, 2007). Passou-se, então, ao entendimento de que a atmosfera é dinâmica, e não estática, o que não justifica a descrição pela descrição (Ayoade, 2002).

Contudo, a quebra das ideias mais tradicionais não está apenas relacionada a uma evolução epistemológica na pesquisa científica; muito dessa nova concepção é resultado das demandas da própria sociedade. Conforme explicita Ayoade (2002), a climatologia tradicional, baseada na descrição, é de pouca utilidade para os seres humanos, pois, ao contrário de seus antepassados, o ser humano moderno não se contenta em viver à mercê do tempo meteorológico. Ele necessita manejar ou mesmo planejar suas atividades de acordo com as condições meteorológicas, e, para tanto, há a necessidade de compreensão da dinâmica da atmosfera e de seus processos. Algumas das áreas em que a climatologia passa a atuar com mais intensidade nesse contexto são: a agricultura, a aviação, o comércio e a indústria, além da utilização para a previsão de eventos extremos (Ayoade, 2002).

Com a evolução da climatologia para uma ciência mais explicativa do que descritiva, surgiu também a necessidade de se trabalhar com novas ferramentas para a coleta de informações de maneira mais rápida e eficaz.

Nos dias atuais, as informações e os dados utilizados na climatologia e na meteorologia são coletados no local ou mesmo remotamente, por meio de redes de estações meteorológicas, balões, helicópteros, aeronaves, foguetes, radares e satélites – o que caracteriza a **climatologia instrumental**.

Os satélites meteorológicos, especificamente, tiveram grande relevância nesse contexto de evolução da climatologia, pois possibilitaram a coleta de informações meteorológicas em regiões inóspitas, remotas e desabitadas, que não têm estações meteorológicas convencionais. Para Ayoade (2002), contudo, há uma diferença entre os dados coletados por estações e os por satélites: as informações de satélite tendem a ser mais espacializadas, de maneira mais contínua sobre a superfície da Terra, o que torna a análise mais homogênea; os dados gerados por estações convencionais, por sua vez, são pontuais, retratam as condições locais da atmosfera e só podem ser representados em área quando há uma rede de pontos monitorados.

Outra ferramenta relevante para a climatologia moderna é a utilização de *hardwares* capazes de processar, armazenar e analisar um volume de dados significativo em um período de tempo mais curto. Os modelos de previsão do tempo são exemplos usuais dessa tecnologia a serviço da climatologia que invariavelmente muitos utilizam no dia a dia.

Aliada ao aprimoramento dos *hardwares*, a internet possibilitou avanços no desenvolvimento dos estudos da atmosfera. A velocidade do sistema de comunicação e o volume de informações facilitou a difusão dos dados meteorológicos e climáticos, contribuindo até mesmo para a popularização da climatologia como ciência.

1.3 Escalas de abordagem

Qual seria a escala ideal para um estudo climatológico da atmosfera? Para responder a essa pergunta, deve-se delimitar o clima. Mas como delimitar o clima se ele está presente em todo o planeta desde a formação da atmosfera?

Para tanto, em princípio devemos observar que a configuração climática global tem um evidente componente zonal, que poderia ser representado pelos paralelos (ao Equador), ou seja, a distribuição zonal do clima responde primeiramente à latitude – alguns fatores geográficos, como altitude, distribuição de terras e mares, topografia, correntes marinhas e rede de drenagem, interferem nesse tipo de distribuição, tornando toda uma zona fracionada em unidades climáticas menores (Cuadrat, 2009a). Considerando-se ainda que o sistema climático é dinâmico, como já visto neste capítulo, podemos entender que o equilíbrio desse sistema passa por flutuações que podem ter durações variáveis.

Assim, a delimitação da escala na climatologia tende a ser complexa se comparada com a de outras áreas da geografia. *A priori*, deve-se pensar na dimensão ou ordem de grandezas temporal (duração) e espacial (extensão) do fenômeno climático que se quer estudar. Conforme Mendonça e Danni-Oliveira (2007) exemplificam, as diversas escalas na climatologia perpassam desde estudos sobre a zona tropical, com influências de mecanismos atmosféricos globais em regiões de baixas latitudes e duração de alguns anos, até estudos mais pontuais, como as ilhas de calor urbanas que podem ser estudadas com suas variações de temperatura em apenas algumas horas.

A fim de explanar e diferenciar as diferentes escalas espaciais (macroclima, mesoclima e microclima) e temporais (paleoclimática, histórica e instantânea), elaboramos os tópicos que seguem.

1.3.1 Escala espacial

O *macroclima*, como o nome já indica, é a maior unidade de área da escala espacial. É nessa escala que são estudados os climas do planeta (clima global), suas divisões latitudinais (clima zonal) e suas subdivisões em regiões (clima regional) (Ayoade, 2002; Mendonça; Danni-Oliveira, 2007). Em termos de extensão espacial, um macroclima pode se definir na ordem de milhões de quilômetros quadrados (km^2) (Ayoade, 2002; Cuadrat, 2009a).

A circulação geral da atmosfera (a ser abordada no Capítulo 5) é o principal agente modelador do macroclima, porém, segundo Mendonça e Danni-Oliveira (2007), deve-se considerar também as interferências de fatores geográficos de amplas dimensões, como grandes feições de relevo, oceanos, massas continentais e a própria distribuição da radiação latitudinal. Um problema relativamente comum em análises de escalas globais destacado por Cuadrat (2009a) é a dificuldade de generalização, pois os estudos atuais tendem a ser compartimentados, demandando do pesquisador uma capacidade de aglutinar pesquisas fracionadas e verticais da ciência contemporânea.

O *mesoclima* é a unidade espacial média, como o próprio nome indica. Nessa escala espacial é que são representados os climas regionais, as subdivisões de um macroclima – escalas que não são definidas pela influência apenas da circulação atmosférica, mas também de agentes regionais da paisagem, como florestas densas, estepes, desertos etc. É também nessa escala que são estudados os sistemas locais severos, como tornados e grandes temporais (Ayoade, 2002). A área de um mesoclima é variável, mas define-se geralmente por centenas de km^2 (Ayoade, 2002; Mendonça; Danni-Oliveira, 2007; Cuadrat, 2009a). Tal escala espacial considera, portanto, a ação de sistemas secundários ou regionais.

O *microclima* é a menor escala espacial entre as apresentadas e, consequentemente, a mais imprecisa. A dimensão espacial dessa escala costuma ser em dezenas de metros quadrados (m²) (Ayoade, 2002; Mendonça; Danni-Oliveira, 2007). Os fatores que influenciam essa escala estão mais associados à circulação atmosférica nas proximidades da superfície da Terra ou ao movimento turbulento do ar na superfície – relacionados, por sua vez, à rugosidade da superfície e ao uso e ocupação do solo na área estudada. Portanto, os elementos condicionantes do clima na microescala estão vinculados a fatores imediatos, e não mais aos regionais. Alguns exemplos de áreas suscetíveis a estudos de microclimas são: o interior de construções, uma rua, a beira de um lago, a borda de um fragmento florestal, um cultivo agrícola, uma caverna etc. (Mendonça; Danni-Oliveira, 2007). Na escala do microclima, os fenômenos são estudados até 2 m de altitude, conforme sugere Cuadrat (2009a), o que demanda uma precisão muito grande dos equipamentos nas variações das condições atmosféricas em uma escala de tempo muito reduzida.

Alguns autores consideram ainda uma subdivisão do mesoclima em duas outras unidades de análise espacial: o clima local e o topoclima (Mendonça; Danni-Oliveira, 2007; Cuadrat, 2009a). Segundo Mendonça e Danni-Oliveira (2007), o **clima local** é especificado segundo o uso do solo (urbano, agrícola, florestal etc.), já o **topoclima** seria definido pelas irregularidades da superfície terrestre, ou seja, pela interferência do modelado do relevo.

Para se ter uma melhor ideia das escalas espaciais dos estudos de climatologia, segue a Figura 1.1, na qual consta a representação gráfica das escalas abordadas.

Figura I.1 - Representação das escalas espaciais do clima, segundo Schneider (1996)

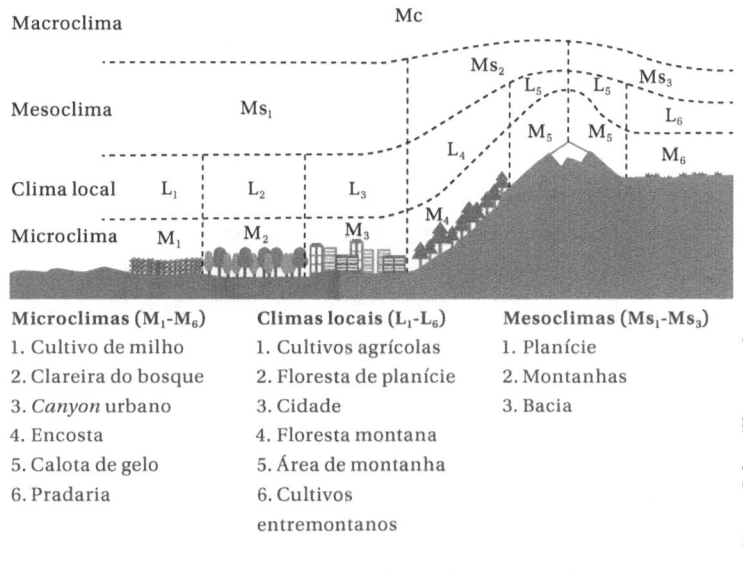

Microclimas (M_1-M_6)	Climas locais (L_1-L_6)	Mesoclimas (Ms_1-Ms_3)
1. Cultivo de milho	1. Cultivos agrícolas	1. Planície
2. Clareira do bosque	2. Floresta de planície	2. Montanhas
3. *Canyon* urbano	3. Cidade	3. Bacia
4. Encosta	4. Floresta montana	
5. Calota de gelo	5. Área de montanha	
6. Pradaria	6. Cultivos entremontanos	

Fonte: Elaborado com base em Cuadrat, 2009a, p. 345.

A escala espacial não é a única que influencia na abordagem climatológica. O recorte temporal também deve ser levado em conta para que se entenda o comportamento dos elementos do clima no espaço.

I.3.2 Escala temporal

A **escala paleoclimática**, também denominada *escala geológica* (Mendonça; Danni-Oliveira, 2007), remete a eventos climáticos desde a formação da Terra. Como o próprio nome sugere, a *escala paleoclimática* é utilizada em estudos de climas pretéritos, os denominados *paleoclimas*. Como não existem condições de se estudar a atmosfera antiga com instrumentos atuais (Cuadrat, 2009a), a reconstituição paleoclimática ocorre por meio de indicadores biológicos (fósseis, anéis de crescimento de árvores, pólens, esporos, fitólitos etc.), litológicos (sedimentos, camadas de aluviões, depósitos de sal etc.) e geomorfológicos (terraços fluviais, dunas, formas residuais de relevo, *inselbergs* etc.) (Mendonça; Danni-Oliveira, 2007). Assim é possível remontar parte das características de paleoclimas em diversas escalas espaciais.

A **escala histórica** ou *escala secular* tem uma duração intermediária, porém é menor que a paleoclimática, pois considera somente o tempo em que há a existência do ser humano na Terra. Para a análise nessa escala temporal, podem ser utilizados documentos diversos que tratam do clima em séries seculares (Cuadrat, 2009a), como relatos de viagens, desenhos rupestres, além de registros de condições atmosféricas aferidos pelos primeiros instrumentos (Mendonça; Danni-Oliveira, 2007). Essa escala é relevante para os estudos de anomalias climáticas (*El Niño*, *La Niña* etc.), pois esses fenômenos tendem a ocorrer com regularidade em escalas temporais maiores (Cuadrat, 2009a).

A **escala contemporânea**, também denominada *escala instantânea*, aborda os fenômenos climáticos contemporâneos. Conforme o próprio conceito de clima prediz, a escala temporal para essa análise deve ser de no mínimo 30 anos, o que demanda a observação de um banco de dados confiáveis de estações meteorológicas (Mendonça; Danni-Oliveira, 2007). Por esse motivo, o estudo do clima contemporâneo torna-se tão complexo quanto o do paleoclima, visto que os dados variam muito de país para país ou mesmo de região para região de um mesmo país (Mendonça; Danni-Oliveira, 2007). Segundo Cuadrat (2009a), os estudos que estão mais em voga na climatologia enquadram-se nessa escala, mediante estudos de tendências de mudanças climáticas. Cabe ressaltar que, quanto mais atual, mais fidedigna será a informação trabalhada, o que significa que os estudos com uma escala temporal maior, como os de paleoclimas, tendem a uma generalização maior se comparados aos estudos da escala contemporânea.

Para melhor compreensão das escalas temporais dos estudos de climatologia, reproduzimos, no Quadro 1.1, uma síntese em representação gráfica das escalas abordadas.

Quadro 1.1 - Escalas espacial e temporal do clima

Ordem de grandeza	Subdivisões	Escala horizontal	Escala vertical	Temporalidade das variações mais representativas	Exemplificação espacial
Macroclima	Clima zonal Clima regional	> 2.000 km	3 a 12 km	Algumas semanas a vários decênios	O globo, um hemisfério, oceano, continente, mares etc.
Mesoclima	Clima regional Clima local Topoclima	2.000 km a 10 km	12 km a 100 m	Várias horas a alguns dias	Região natural, montanha, região metropolitana, cidade etc.
Microclima	–	10 km a alguns m	Abaixo de 100 m	De minutos ao dia	Bosque, uma rua, uma edificação/ casa etc.

Fonte: Mendonça; Danni-Oliveira, 2007, p. 23.

A definição da escala é o primeiro passo para a delimitação de um tema ou de um objeto a ser estudado em climatologia.

Importante!

Duas escalas devem ser abordadas conjuntamente, de maneira complementar: geralmente, quanto maior for a dimensão espacial, maior tenderá a ser o tempo de duração do fenômeno estudado; em contrapartida, quanto menor for a área, menor será a escala temporal.

As escalas auxiliam o pesquisador na compreensão do recorte espacial ou temporal. Pensar na escala é saber limitar o problema ao qual sua pesquisa ou aula está se propondo a resolver ou explicar.

Síntese

Neste capítulo, vimos que o objeto de estudo da climatologia, subdivisão da geografia, é o quadro médio da atmosfera. Vimos também que o tempo se configura um estado atual da atmosfera e das condições meteorológicas; já o clima necessita de um recorte temporal bem mais amplo, de no mínimo 30 anos.

Na sequência, a fim de explicar a origem dos estudos sobre o clima, abordamos a relação do ser humano primitivo com os aspectos climáticos nos primórdios da civilização. O nascimento da física clássica, no século XVII, criou fundamentos para a explicação dos fenômenos. Mais recentemente, no pós-Segunda Guerra Mundial, o desenvolvimento de novas tecnologias, como satélites, e o melhoramento das existentes, como o radar, acabaram por impulsionar a climatologia moderna.

Por fim, no último tópico, tratamos das escalas, que podem ser divididas no espaço, área a ser analisada, e no tempo, período que será analisado. As escalas espaciais são divididas em macroclima, mesoclima e microclima, e as temporais, em paleoclimática, histórica e instantânea.

Indicações culturais

Livro

SALGADO-LABOURIAU, M. L. **História ecológica da Terra**. 2. ed. São Paulo: E. Blucher, 2001.

A obra traz uma série de descrições e análises de paleoclimas, correlacionando estes com as dinâmicas da paisagem para cada um dos grandes períodos da escala do tempo geológico.

Site

CPTEC – Centro de Previsão de Tempo e Estudos Climáticos. Disponível em: <https://www.cptec.inpe.br/>. Acesso em: 24 maio 2018.

O Centro de Previsão de Tempo e Estudos Climáticos (CPTEC) é a divisão do Instituto Nacional de Pesquisas Espaciais (Inpe) responsável pelo desenvolvimento das áreas de meteorologia e climatologia no país. No site *indicado, podem ser vistos as últimas tecnologias utilizadas para a previsão do tempo, assim como os monitoramentos de queimadas (utilizando dados atmosféricos para previsão de risco) e de ondas no litoral do Brasil.*

Atividades de autoavaliação

1. Com base nas definições sobre a climatologia, avalie as informações a seguir.
   I. É um dos ramos da meteorologia responsável por estudar a condição atual da troposfera em seu contato com a estratosfera.
   II. É um dos ramos da geografia responsável por medir o balanço de radiação e suas implicações nas dinâmicas climáticas terrestres, como a esculturação do relevo a longo prazo.
   III. É um dos ramos da geografia responsável por estudar os caracteres da atmosfera em contato com a superfície terrestre e a distribuição espacial destes.
   IV. É um dos ramos da meteorologia que estuda a distribuição espacial dos organismos vivos na superfície terrestre.
   Agora, assinale a alternativa correta:
   a) Somente as afirmativas I, II e III são verdadeiras.
   b) Somente as afirmativas II, III e IV são verdadeiras.
   c) Somente a afirmativa III é verdadeira.
   d) Todas as afirmativas são verdadeiras.

2. Sobre o tempo atmosférico, fator importante na caracterização da superfície da Terra para estudos climáticos, assinale a alternativa **incorreta**:
   a) Corresponde a uma aproximação ou determinação de intervalos relacionados a eventos na história da Terra, com datações feitas com base em dados absolutos ou relativos.
   b) Corresponde a uma situação transitória da atmosfera, com mudanças diárias e até horárias e de maior interesse dos meteorológicos para a previsão do tempo.

c) É um conceito que representa o padrão estabelecido após 30 anos de observação, apresentando um perfil estável.

d) Unidade de terceira ordem na hierarquia climatológica para trabalhos que apresentem variações climáticas significativas nas últimas três décadas.

3. Sobre o conceito de clima e suas escalas de trabalho, marque V para as afirmativas verdadeiras e F para as falsas.

( ) O clima é uma situação eventual ocorrida na atmosfera, podendo ser analisado em 24 horas ou 30 anos, levando em consideração seus impactos na superfície terrestre.

( ) O clima não pode ser considerado tendo em vista apenas o aumento na escala temporal, mas sim a análise da variabilidade e seus impactos nas sociedades.

( ) A análise do clima está mais direcionada a suas operações momentâneas do que aos resultados dos processos da atmosfera na superfície terrestre.

( ) O clima pode ser entendido como algo habitual, ou seja, significa que existe um padrão e que este pode ser avaliado anualmente.

Agora, marque a alternativa que apresenta a sequência correta:

a) V, V, V, F.
b) F, V, F, V.
c) F, V, V, V.
d) F, F, F, V.

4. Estudamos no decorrer deste capítulo sobre as escalas espaciais e sua importância nos estudos de climatologia. Considerando esse assunto, leia as assertivas a seguir:

I. A paisagem é uma escala espacial de análise da climatologia, visto que constitui uma das categorias mais usuais de abordagem da geografia.

II. O microclima é a escala espacial de maior detalhe utilizada na climatologia, variando de 10 quilômetros até alguns metros.

III. O macroclima é a escala espacial mais abrangente e menos detalhada utilizada para a análise de climas em grandes áreas, como continentes e oceanos.

Agora, assinale a alternativa correta:
a) Apenas as assertivas I e II são verdadeiras.
b) Apenas as assertivas I e III são verdadeiras.
c) Apenas as assertivas II e III são verdadeiras.
d) Apenas a assertiva III é verdadeira.

5. Leia as assertivas a seguir sobre escalas temporais de análise climatológica.

I. *Paleoclima* é um termo utilizado para o estudo climatológico desde a formação da Terra, razão por que também é conhecido como *escala geológica do clima*.

II. A escala histórica ou secular é representada pelos estudos desde o Holoceno até os dias atuais, ou seja, a escala que abrange o ser humano e suas consequentes mudanças na paisagem.

III. A escala contemporânea aborda os climas atuais e suas dinâmicas. É considerada a escala temporal com maior quantidade de dados devido a sua associação com tecnologias contemporâneas que permitiram o avanço do levantamento de dados e, consequentemente, da climatologia.

Agora, assinale a alternativa correta:
a) Somente as assertivas I e II são verdadeiras.
b) Somente as assertivas I e III são verdadeiras.
c) Somente as assertivas II e III são verdadeiras.
d) Todas as assertivas são verdadeiras.

Atividades de aprendizagem

Questões para reflexão

1. Retome os conteúdos apresentados neste capítulo e disserte sobre a relação histórica entre ser humano e clima, considerando as influências sociais (atividades agrícolas, estabelecimentos de núcleos populacionais etc.) para a formação das paisagens.

2. Explique, em um texto (mínimo de 30 linhas, com introdução, desenvolvimento da temática e conclusão), qual é a relação entre tempo e clima e quais são as associações metodológicas que podem ser feitas entre física e meteorologia e entre geografia e climatologia.

Atividade aplicada: prática

1. Verifique em jornais, revistas e *sites* se os termos utilizados para se referir a *tempo* e *clima* estão sendo empregados de acordo com a literatura científica. Justifique sua resposta.

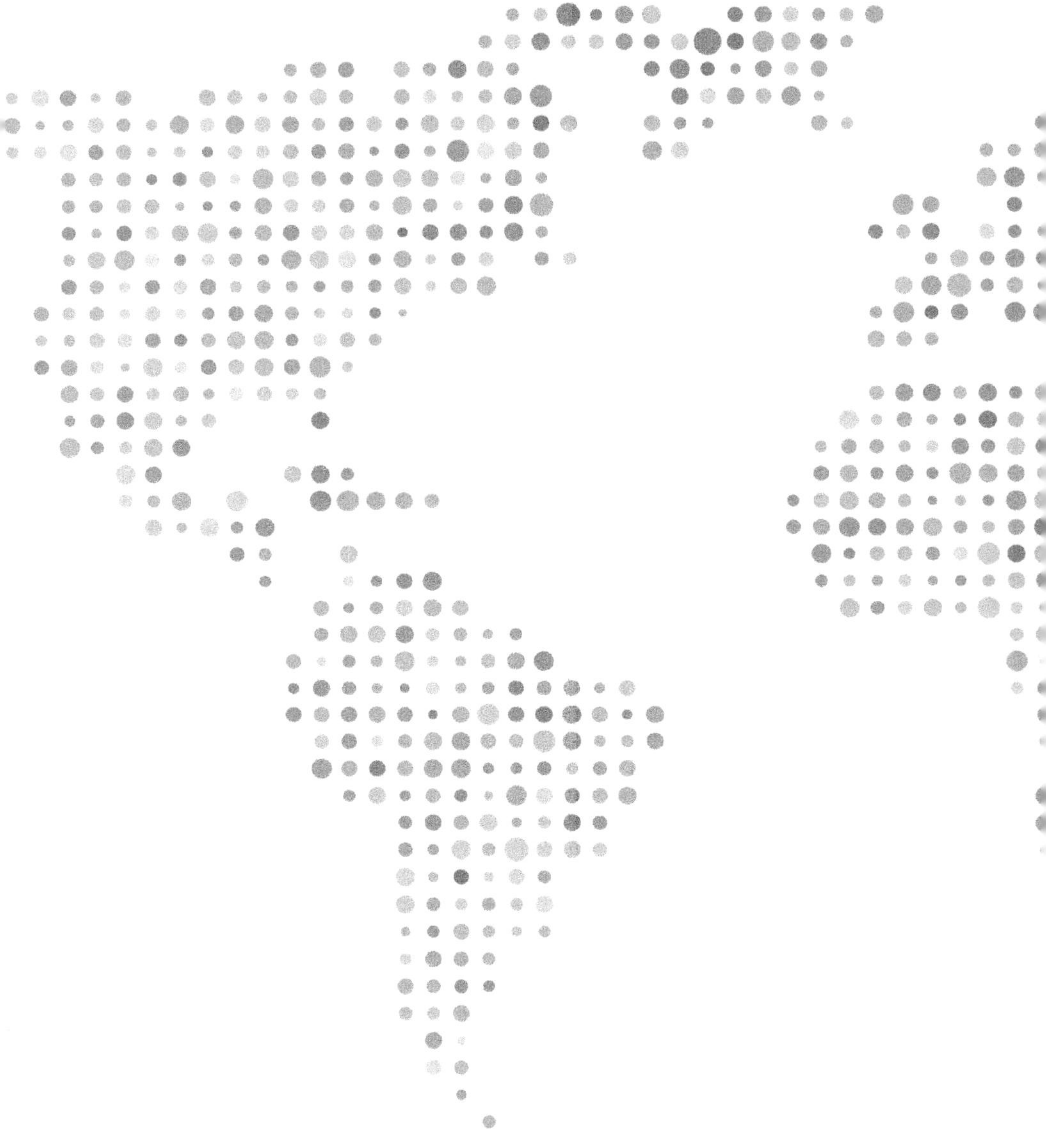

2
Os atributos físicos da atmosfera e a radiação solar

Adriano Ávila Goulart

A compreensão dos estudos da climatogia pressupõe o entendimento do conceito de atmosfera e de suas propriedades físicas e químicas, além da correlação direta entre essa camada, a radiação solar e o balanço de energia proveniente do Sol.

Abordaremos, neste capítulo, a definição de atmosfera, bem como sua estrutura, sua composição e seus efeitos diretos no balanço de radiação solar da Terra.

2.1 Divisão da atmosfera

A atmosfera é uma fina camada de gases, sem cheiro, cor ou gosto, retida na Terra pela força gravitacional (Ayoade, 2002). Contudo, como é possível ter como objeto de estudo algo inodoro, incolor, insípido? A resposta para essa questão provém da física e da química.

Para se ter uma ideia da relevância dessas duas ciências no desenvolvimento da climatologia e da meteorologia, basta nos atermos à extensão da atmosfera. Estima-se que o limite superior da atmosfera esteja a cerca de 10.000 km desde a superfície terrestre; 98% da massa atmosférica concentra-se nos primeiros 29 km, tornando-se rarefeita com a altura (Mendonça; Danni-Oliveira, 2007).

Quando se discorre sobre a estrutura da atmosfera, uma das maneiras mais clássicas de abordagem é a que trata da sua variação vertical de temperatura. Essa variação ocorre em razão da interação dos componentes atmosféricos com a entrada de energia solar e a irradiação de energia que a Terra devolve.

A atmosfera divide-se em camadas, cuja nomenclatura assume certo padrão – com o sufixo -*osfera* – que nos dá a ideia de serem concêntricas com uma relativa regularidade ao longo de todo planeta. Os limites dessas camadas têm o sufixo -*pausa*, o qual demonstra um relevante intervalo que rompe com as características físicas predominantes em diferentes camadas (Ayoade, 2002; Mendonça; Danni-Oliveira, 2007). São cinco camadas relativamente homogêneas em suas características físicas, separadas por quatro limites que rompem com as características predominantes até então (Gráfico 2.1).

Gráfico 2.1 – Divisão física da atmosfera

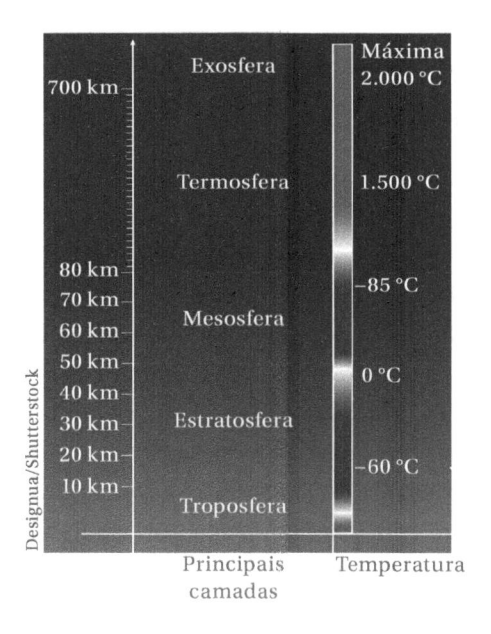

Exosfera, segundo Ayoade (2002), é a camada acima da termosfera, que faz a transição entre a atmosfera e o espaço exterior. É impossível estabelecer um limite exato para o fim da atmosfera, com números que variam entre 500 e 750 km da superfície, em decorrência da crescente perda de densidade conforme se afasta da superfície da Terra.

Após a exosfera, tem-se a **termosfera**. Seus limites podem ser definidos, de maneira geral, desde 500/750 até 80 km de altura (Mendonça; Danni-Oliveira, 2007). O nome *termosfera* relaciona-se às altas temperaturas desse estrato, que podem chegar a 700 °C a 200 km de altura, devido à absorção, por átomos de nitrogênio e oxigênio, de parte dos raios X, gama e ultravioleta (Ayoade, 2002; Mendonça; Danni-Oliveira, 2007). Como é de se esperar, as camadas mais distantes da superfície são as que menos se conhece, por serem difíceis de se mensurar e monitorar.

A 80 km de altura, no limite entre termosfera e mesosfera, pode-se encontrar a **mesopausa**. Para se ter uma ideia do rompimento das características com a camada subsequente, vale citar as temperaturas presentes na mesopausa: −90 °C, com uma variação de 25 °C para mais ou para menos (Mendonça; Danni-Oliveira, 2007). Essa queda na temperatura deve-se ao mesmo motivo de a termosfera atingir altas temperaturas: sua composição química. Na **mesosfera**, o ar é mais rarefeito se comparado com a termosfera, 0,1 g/m^3 de ar (Mendonça; Danni-Oliveira, 2007), o que faz com que sua capacidade de reter a energia solar seja menor e, consequentemente, essa camada apresente temperaturas inferiores à sua subsequente.

A 50 km da superfície terrestre está a **estratopausa**, na transição entre a mesosfera e a estratosfera. Já a próxima camada, a **estratosfera**, possui temperaturas mais altas que as camadas superiores, com variações em média de 0 °C na sua porção superior, nos limites da estratopausa, até −57 °C, a 18 km da superfície (Mendonça; Danni-Oliveira, 2007), na transição com a troposfera.

A última camada da atmosfera e a mais próxima da superfície – consequentemente a mais conhecida e trabalhada na ciência – é a **troposfera**. Nessa camada, que perfaz um total de 12 km de altura desde a superfície da Terra, é que os fenômenos climáticos são produzidos (Mendonça; Danni-Oliveira, 2007). Logo, as atividades antrópicas são afetadas e afetam essa porção da atmosfera, o que justifica o foco dos climatólogos e meteorologistas na troposfera. Por esse motivo, a troposfera também é denominada *atmosfera geográfica*. A camada em questão, por se tratar da parte mais próxima da superfície, está mais suscetível à ação gravitacional, razão por que concentra 75% da massa gasosa total da atmosfera, do vapor d'água e dos aerossóis (Ayoade, 2002).

Vale ressaltar que a altura das camadas não é fixa ou constante, mas varia conforme a hora do dia e a época do ano, afora as variações de acordo com a latitude. A **tropopausa** tem variações de 16 km nas proximidades do Equador, em latitudes baixas, até 8 km nos polos (Ayoade, 2002).

Fique atento!

Em qual camada está inserida a chamada *camada de ozônio*?

A temperatura da atmosfera tende a aumentar conforme se dá a maior aproximação com a superfície da Terra, a partir da mesosfera, devido à conjuntura física e química. Segundo Mendonça e Danni-Oliveira (2007), as primeiras camadas da atmosfera (termosfera e estratosfera) possuem grande quantidade de ozônio, o que aumenta sua capacidade em absorver ondas curtas – por exemplo, os raios ultravioletas, os raios gama e os raios X. Assim, parte da energia que seria absorvida em camadas mais próximas da superfície já é absorvida nas primeiras camadas, permitindo que apenas a radiação menos nociva chegue até a troposfera. Portanto, respondendo a questão: na estratosfera, a 22 km da superfície é onde se encontra a maior concentração de ozônio da atmosfera.

2.2 Atributos físico-químicos da atmosfera

Os gases que compõem a atmosfera não são homogêneos em toda a sua distribuição, mas formam um composto que se organiza de acordo com suas propriedades espacial e temporalmente. Assim, a divisão da atmosfera não se dá apenas por suas características físicas (de acordo com sua densidade e altura), mas pela composição dos gases que a formam e pelas características intrínsecas destes, que também nos permite uma caracterização complementar e uma outra divisão.

Segundo Ayoade (2002), a atmosfera é uma mistura mecânica estável de gases, sendo o nitrogênio, o oxigênio, o argônio, o dióxido de carbono, o ozônio e o vapor d'água os mais importantes da caracterização físico-química atmosférica. De todos esses gases citados, apenas o nitrogênio, o oxigênio e o argônio são constantes; os demais variam espacialmente sua concentração por diversos motivos relacionados à mecânica dos gases (como o vapor d'água, que pode variar de quase zero em regiões desérticas até 3 a 4% em regiões de florestas pluviais tropicais). A Tabela 2.1 traz a composição média da atmosfera a 25 km de altitude.

Tabela 2.1 – Composição média da atmosfera seca abaixo de 25 km

Gás	Volume % (ar seco)
Nitrogênio (N_2)	78,08
Oxigênio (O_2)	20,94
Argônio (Ar)	0,93
Bióxido de carbono (CO_2)	0,03 (variável)

(continua)

(Tabela 2.1 – conclusão)

Gás	Volume % (ar seco)
Neônio (Ne)	0,0018
Hélio (He)	0,0005
Ozônio (O_3)	0,00006
Hidrogênio (H)	0,00005
Criptônio (Kr)	Indícios
Xenônio (Xe)	Indícios
Metano (Me)	Indícios

Fonte: Ayoade, 2002, p. 16.

A divisão segundo as características físico-químicas da atmosfera usualmente é feita segundo duas grandes camadas: homosfera e heterosfera. A **homosfera** é a camada mais próxima da superfície, nos primeiros 90 km de altura, com os componentes atmosféricos apresentando uma relativa uniformidade na sua distribuição (Mendonça; Danni-Oliveira, 2007). É nessa porção da atmosfera que encontramos material particulado em suspensão, além do vapor d'água.

Na **heterosfera**, ao contrário da camada inferior, os gases formam camadas de diferentes composições químicas, como o nitrogênio molecular entre 90 e 200 km de altitude, o oxigênio atômico entre 200 a 1.100 km, os átomos de hélio entre 1.100 a 3.500 km e os átomos de nitrogênio a partir de 3.500 km (Mendonça; Danni-Oliveira, 2007). Para se ter uma ideia da variação das densidades da atmosfera: no topo da heterosfera (220 km), é de 0,000001 g/m^3; na transição para a homosfera (96 km), é de 0,001 g/m^3; e no nível do mar é de 1.300 g/m^3 (Mendonça; Danni-Oliveira, 2007).

Fique atento!
Quais são os compostos mais relevantes da homosfera?

» **Vapor d'água:** Uma das substâncias não constantes em sua concentração ao redor do globo, visto que a maior concentração de vapor d'água depende de diversos fatores além de uma superfície com lâmina d'água exposta (Mendonça; Danni-Oliveira, 2007).

» **Material particulado:** Essas substâncias podem ser de origem natural ou antrópica. Poeira, cinza, sal e matéria orgânica em suspensão são exemplos de material particulado provenientes dos solos, de vulcanismos, da vegetação e dos oceanos. Já os materiais de origem antrópica são aqueles provenientes da utilização de combustíveis fósseis na indústria e em alguns veículos, do consumo de carvão nas atividades domésticas, das queimadas nas práticas agropecuárias etc. (Mendonça; Danni-Oliveira, 2007).

2.3 Radiação solar

O Sol é a principal fonte de energia que alimenta o sistema atmosfera-Terra. A radiação solar é formada no interior do Sol, por meio de um processo contínuo de conversão de hidrogênio em hélio, liberando grandes quantidades de calor que chegarão até a Terra através da radiação solar.

Para Ayoade (2002), o Sol é uma esfera composta predominantemente por gases, chegando a temperaturas de 6.000 °C, com ondas eletromagnéticas que se propagam a 299.300 quilômetros por segundo (km/s). Porém, nem toda essa energia gerada chega à atmosfera e ainda menos chega à superfície terrestre. Esse tópico será utilizado para abordar a radiação solar e sua interação com a atmosfera e com a superfície terrestre.

A capacidade de uma superfície de refletir a radiação solar incidente sobre ela é chamada de **albedo**. O albedo tende a variar de acordo com as propriedades físicas dos alvos, como a constituição química e a cor, com máxima absorção (baixo albedo) em corpos escuros e mínima absorção em corpos claros (alto albedo). Logo, o albedo é inversamente proporcional à absorção de radiação e diretamente proporcional a reflectância do alvo.

A atmosfera, apesar de ser composta por gases, não somente absorve a energia solar como também a reflete, difunde e reirradia. As nuvens, por exemplo, impedem a penetração de parte da energia solar e a sua capacidade de refletir/refratar a radiação solar não está ligada somente à quantidade de nuvens, mas também à espessura e à tipologia destas (Ayoade, 2002). A Tabela 2.2 traz o albedo esperado para cada tipo de nuvem.

Tabela 2.2 - Albedo de nuvens

Tipo de nuvem	Albedo %
Cumuliforme	70 - 90
Cumulunimbus: grande e espessa	92
Stratus (150 - 300 metros de espessura)	59 - 84
Stratus (500 metros de espessura sobre o oceano)	64
Stratus fino sobre o oceano	42
Altostratus	39 - 59
Cirrustratus	44 - 50
Cirrus sobre o continente	36

Fonte: Ayoade, 2002, p. 28.

Segundo Ayoade (2002), cerca de 25% da radiação solar que atinge a superfície da atmosfera é refletida. Porém as nuvens não são os principais elementos/alvos da superfície que refletem a radiação solar, mas algumas outras superfícies, principalmente superfícies secas e/ou de cores claras, também apresentam essa competência.

Vale ressaltar que a energia que chega à atmosfera é composta por várias ondas com comprimentos distintos. Sendo assim, alguns alvos tendem a absorver parte das ondas e a refletir a outra parte, como a vegetação que possui o albedo baixo no comprimento de onda do ultravioleta, pois absorve relativamente grande parte dessas ondas, porém não absorve toda energia, refletindo ondas do espectro do visível e do infravermelho e apresentando albedo alto para esses comprimentos de onda (Ayoade, 2002). Já o gelo, um dos alvos com maior albedo, não tem tanta capacidade de absorção de ondas curtas ou longas, refletindo a maior parte dessas, o que caracteriza um alto albedo.

Tabela 2.3 – Albedos para diferentes alvos

Tipo de superfície	Albedo %
Neve recém-caída	80 – 90
Neve caída há dias	50 – 70
Gelo	50 – 70
Dunas de areia	30 – 60
Terra	31
Savana seca	20 – 25
Cultivo seco	20 – 25
Concreto seco	17 – 27
Areia	15 – 25
Estepes e pradarias	15 – 20
Cidades	14 – 18

(continua)

(Tabela 2.3 – conclusão)

Tipo de superfície	Albedo %
Floresta boreal no verão	10 – 20
Cana-de-açúcar	15
Solo negro seco	14
Solo negro úmido	8
Madeira	5 – 20
Floresta pluvial tropical	5 – 15
Solo nu	7 – 20
Asfalto	5 – 10
Lua	6 – 8
Mar agitado	2 – 10
Mar calmo	2 – 5

Fonte: Elaborado com base em Ayoade, 2002; Mendonça; Danni-Oliveira, 2007; Cuadrat, 2009b.

Fique atento!

Por que o céu é azul?

Uma das perguntas que sempre permeiam a física e a climatologia é em relação à cor que vemos na atmosfera. Na verdade, o azul do céu não é uma reflexão da atmosfera, mas uma refração, em que a luz é difundida, espalhada nos seguintes comprimentos de onda: azul (0,45 a 0,48 μm), amarelo (0,50 a 0,55 μm) e laranja (0,55 a 0,60 μm) (Mendonça; Danni-Oliveira, 2007). Entretanto, nossos olhos conseguem assimilar apenas as ondas refratadas no comprimento de onda do azul. Quando há excesso de poeira ou mesmo neblina na atmosfera, vemos o céu branco ou mesmo em tons avermelhados quando a radiação incide com maior inclinação sobre a atmosfera, como no começo e no fim do dia.

Notadamente, a energia solar que chega no topo da atmosfera varia de acordo com a latitude, devido à maior obliquidade de sua incidência conforme a latitude aumenta, o que permite que o Equador tenha máximos de insolação em um período do ano distinto dos máximos dos polos.

Ao contrário do que se espera, a zona equatorial não é a região do globo que recebe maior insolação. A maior insolação recebida está na zona subtropical, pois esta apresenta menor interferência do albedo das nuvens. Já nas maiores latitudes, a radiação diminui de maneira gradativa até os polos, onde a radiação está presente em praticamente metade do ano e ausente na outra metade. O Gráfico 2.2 demonstra essa variação de insolação anual média de acordo com a latitude.

Gráfico 2.2 - Distribuição da insolação conforme a latitude

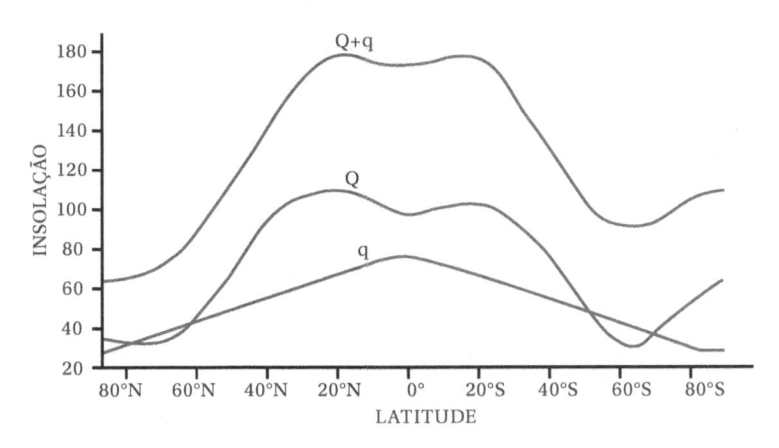

Fonte: Ayoade, 2002, p. 31.

Em dezembro, a África Meridional, a Austrália Central e a América do Sul registram os valores mais altos de insolação (Ayoade, 2002), todas essas regiões localizadas no Hemisfério Sul. Já no meio do ano, no mês de junho, os valores mais relevantes de insolação ficam no Hemisfério Norte. Porém, ao longo de um ano, a energia tende a ser compensada pela diferença de insolação dos distintos solstícios, conforme o mapa a seguir.

Mapa 2.1 - Distribuição global da insolação anual

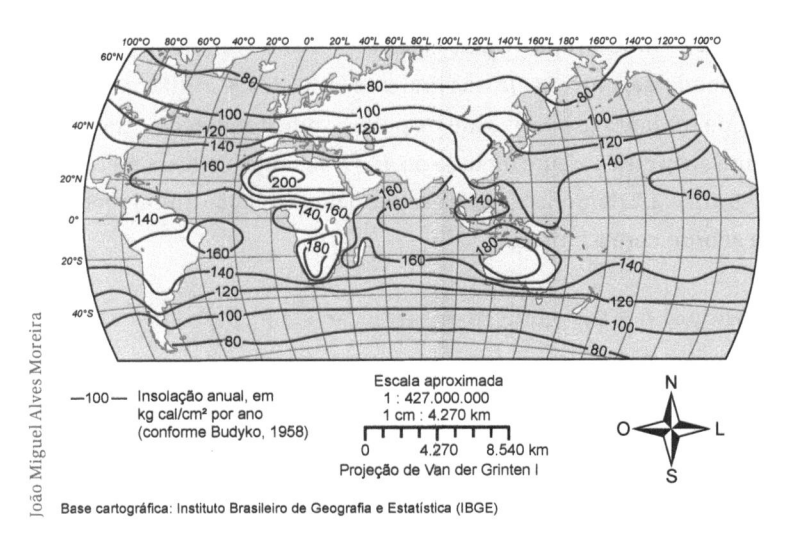

Fonte: Ayoade, 2002, p. 32.

Essa variação na insolação conforme a latitude e a época do ano ocorre pela própria esfericidade da Terra e principalmente pela inclinação desta em relação ao plano da eclíptica (plano imaginário que contém a Terra e o Sol). A inclinação do eixo terrestre é de aproximadamente 23,5 graus, o que também define o limite da zona tropical e o começo da zona subtropical em ambos os hemisférios.

Devido a essa inclinação, temos duas posições da Terra em relação ao Sol: solstício e equinócio. Tais posições marcam as estações do ano nos Hemisférios Norte e Sul (Figura 2.1).

Nos **solstícios**, um dos dois hemisférios está recebendo maior incidência da insolação e terá dias mais longos, portanto, será solstício de verão nesse hemisfério e, consequentemente, solstício de inverno no outro hemisfério, que recebe menor energia e apresentará dias mais curtos. Já nos **equinócios**, os dois hemisférios recebem a mesma quantidade de energia proveniente do Sol e, por consequência, a duração dos dias também será igual.

Figura 2.1 – Estações do ano no Hemisfério Sul

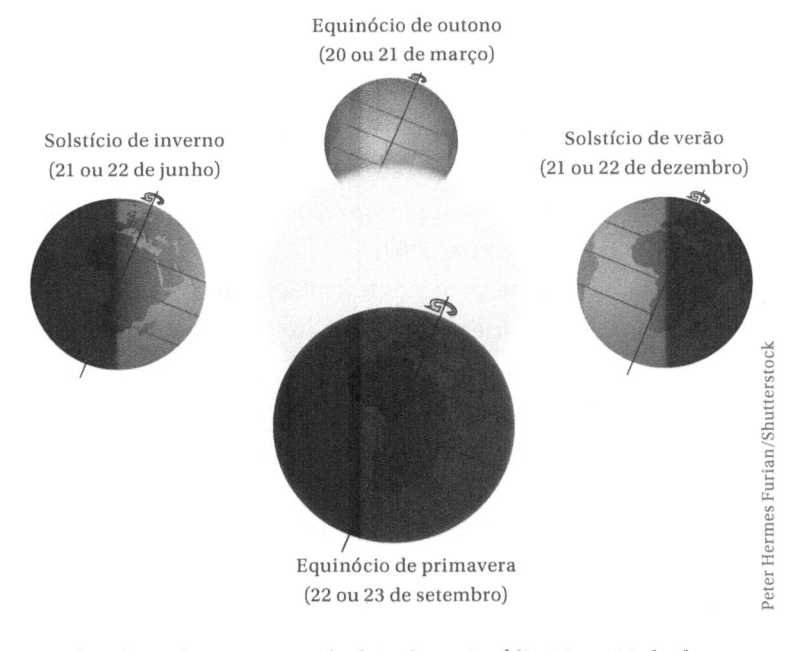

Equinócio de outono
(20 ou 21 de março)

Solstício de inverno
(21 ou 22 de junho)

Solstício de verão
(21 ou 22 de dezembro)

Equinócio de primavera
(22 ou 23 de setembro)

Peter Hermes Furian/Shutterstock

Sendo assim, temos: solstício de verão (dia 21 ou 22 de dezembro no Hemisfério Sul e dia 21 ou 22 de junho no Hemisfério Norte); equinócio de primavera (dia 22 ou 23 de setembro no Hemisfério Sul e dia 20 ou 21 de março no Hemisfério Norte); solstício de inverno (dia 21 ou 22 de junho no Hemisfério Sul e dia 21 ou 22 de dezembro no Hemisfério Norte); e equinócio de outono (dia 20 ou 21 de março no Hemisfério Sul e dia 22 ou 23 de setembro no Hemisfério Norte).

2.4 Balanço de energia solar

Se entendermos a radiação dentro do sistema atmosfera-Terra, podemos simplificar o balanço como *input* (entrada) e *output* (saída) que regulam a temperatura e as trocas de calor dos corpos que compõem o sistema. Como já visto, a radiação proveniente do Sol pode ser refletida, absorvida ou transmitida. A interação – a troca de calor, a diferença entre as entradas e saídas de calor entre os corpos de toda a atmosfera-Terra – costuma ser aferida por meio do denominado *balanço de radiação médio anual para o planeta* (Mendonça; Danni-Oliveira, 2007).

Mais pontualmente, podemos trabalhar com um dado corpo ou elemento da superfície terrestre. Nesse caso, entendemos que a temperatura de determinado corpo na superfície terrestre é determinada pela quantidade de calor armazenado por esse ponto e o balanço de radiação será a quantidade de radiação absorvida e emitida por tal corpo.

Segundo Ayoade (2002), o balanço de radiação (Figura 2.2) para a superfície terrestre tende a ser positivo de dia e negativo à noite. Já se analisado no decorrer do ano, o balanço de radiação da superfície será positivo e o da atmosfera negativo. As implicações desse balanço na circulação global da atmosfera serão abordados nos Capítulos 4 e 5.

Figura 2.2 – Balanço de radiação

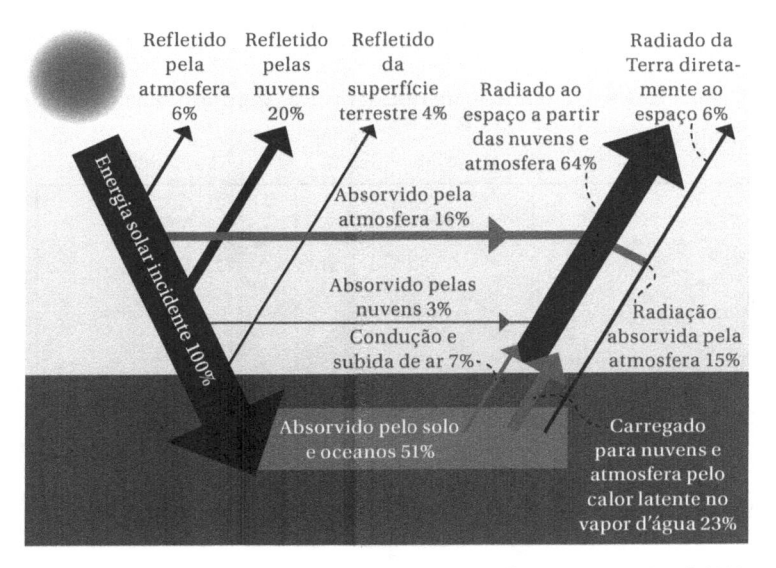

```
Refletido    Refletido    Refletido                           Radiado da
pela         pelas        da                                  Terra direta-
atmosfera    nuvens       superfície    Radiado ao            mente ao
6%           20%          terrestre 4%  espaço a partir       espaço 6%
                                        das nuvens e
                                        atmosfera 64%

                    Absorvido pela
                    atmosfera 16%

                    Absorvido pelas
                    nuvens 3%                       Radiação
                    Condução e                      absorvida pela
                    subida de ar 7%                 atmosfera 15%

              Absorvido pelo solo           Carregado
              e oceanos 51%                 para nuvens e
                                            atmosfera pelo
                                            calor latente no
                                            vapor d'água 23%
```

Energia solar incidente 100%

Fonte: Geodesign Internacional, 2018.

A fim de quantificar todos os valores dentro do sistema, temos a fórmula a seguir:

$$R = (Q + q) \times (1 - a) + (IR - IR')$$

Em que:

- » **R** é a radiação líquida ou o balanço de radiação;
- » **(Q + q)** é a somatória da radiação solar direta ou difusa sobre a superfície;
- » **a** é o albedo da superfície;
- » **IR** é a radiação infravermelha que chega até a superfície terrestre e **IR'** é a radiação infravermelha emitida pela superfície terrestre.

Na Figura 2.3, pode-se notar uma exemplificação de um balanço de radiação de um dia de duração.

Figura 2.3 - Ciclo diário de temperatura, segundo Barry e Chorley (1972)

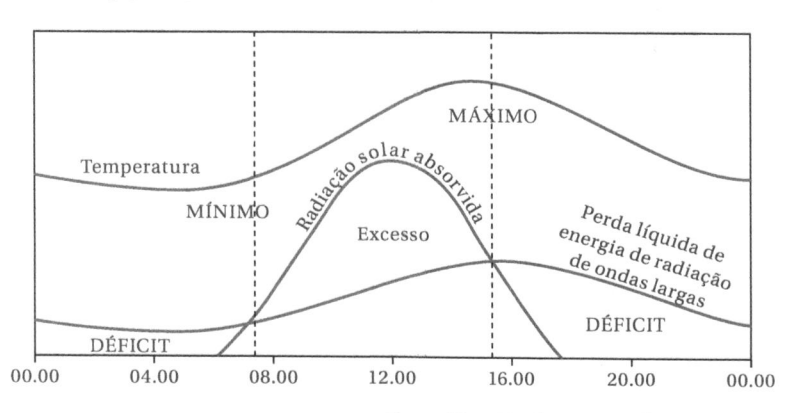

Fonte: Pita, 2009b, p. 84, tradução nossa.

Para se ter uma ideia do balanço global, segundo Mendonça e Danni-Oliveira (2007), a quantidade de energia que chega no sistema, o *input* máximo, é de 2 cal/cm²/min ou 338 W/m². Ao atravessar a atmosfera, devido às propriedades físico-químicas desta já explanadas, apenas metade dessa energia consegue perpassar. Desses 50% de energia que conseguem adentrar na atmosfera, somente 3% são refletidos para o espaço, o que nos dá 47% de absorção por elementos da superfície.

O que é o efeito estufa?

Como vimos nesse capítulo, parte da energia proveniente do Sol adentra na atmosfera e consegue chegar até a superfície, onde é absorvida.

Porém, mesmo a energia absorvida pela superfície é novamente liberada, e parte dela não consegue ultrapassar novamente a atmosfera para o espaço exterior, ficando confinada entre a atmosfera e a superfície. Tal contrarradiação leva o nome de *efeito estufa* (Figura 2.4).

Figura 2.4 – Ciclo diário de temperatura

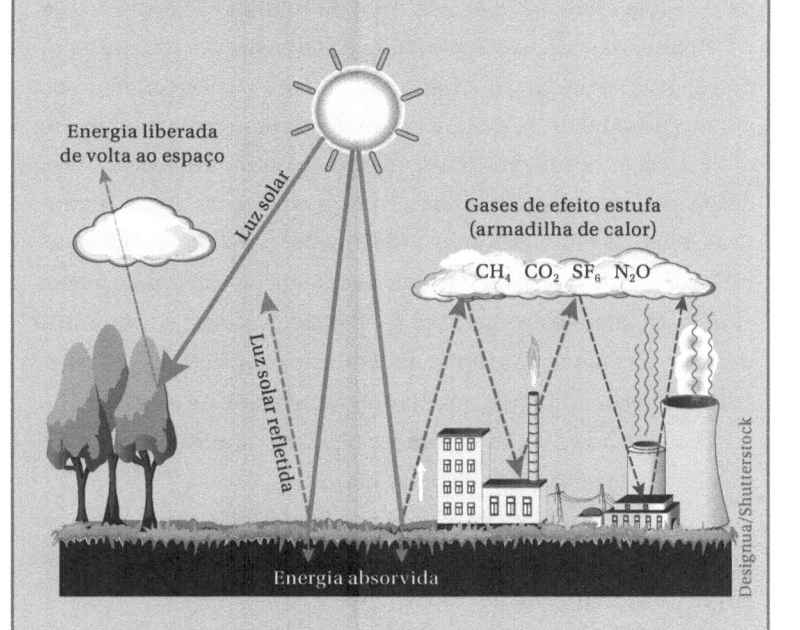

A intensificação do efeito estufa, tão discutida atualmente, deve-se à alteração do balanço de energia do sistema atmosfera-Terra. Os principais componentes responsáveis pela contrarradiação estão presentes nas nuvens: o vapor d'água e o dióxido de carbono (CO_2).

Síntese

Neste capítulo, abordamos as divisões da atmosfera, dando a você uma noção dos processos físicos (relativos à estrutura) e químicos (relativos à composição) da atmosfera. Esse conhecimento é fundamental para a compreensão do clima, visto que pontualmente a atmosfera é o objeto de estudo da Climatologia e o local onde se dão todos os fenômenos que estudamos nessa disciplina.

Complementarmente ao estudo da atmosfera, a análise da radiação solar é de extrema importância para o conhecimento do clima. Diretamente relacionados, os dois temas explicitam muito das variações de energia que ocorrem no sistema atmosfera-Terra, desde as facilmente percebidas, como as variações de temperatura ao longo do dia, até as mais sutis e menos perceptíveis, como as variações de absorção ou refração da energia pelo maior ou menor albedo. O balanço de energia é apenas uma maneira de quantificar toda essa discussão, um reducionismo científico que às vezes se torna necessário para auxiliar na capacidade de abstração do ser humano ao se deparar com problemas complexos, como frequentemente ocorre nas ciências naturais.

A atmosfera, objeto de estudo da climatologia, é uma fina camada de gases, sem cheiro, cor ou gosto, retida na Terra pela força gravitacional (Ayoade, 2002).

A termosfera é a camada mais externa da atmosfera (de 500 até 80 km de altura), cuja temperatura pode chegar a 700 °C a 200 km de altura. De 80 a 50 km da superfície, temos a mesosfera, com temperaturas de 90 °C, com variação média de 25 °C. Entre 50 e 18 km de altura, temos a estratosfera, uma camada com temperaturas que variam de 0 °C na sua porção superior, até 57 °C, na base. De 12 km de altura até a superfície, temos a troposfera, onde os fenômenos climáticos são produzidos – portanto, nessa camada está o foco dos climatólogos e meteorologistas.

A divisão feita segundo a composição atmosférica criou duas classes: homosfera e heterosfera. A homosfera, camada mais próxima da superfície, até 90 km de altura, apresenta uma relativa uniformidade na distribuição dos seus componentes. Na heterosfera, os gases formam camadas de diferentes composições químicas.

Solstício e *equinócio* são nomes dados às posições da Terra em relação ao Sol ao longo de um ano, formando as estações. Tal fato pode ser explicado pelo eixo de inclinação da Terra em relação ao eixo da elíptica, o que também elucida a formação das zonas climáticas. Toda essa discussão do balanço de radiação ganha relevância na análise do efeito estufa, que é a energia que a Terra consegue reter entre a atmosfera e a superfície. Essa energia é fundamental para a manutenção da vida na Terra.

Indicações culturais

Vídeos

INPE – Instituto Nacional de Pesquisas Espaciais. **Balanço de radiação**. 1º abr. 2011. Disponível em: <https://www.youtube.com/watch?v=clgqmbsFnZM>. Acesso em: 28 maio 2018.

INPE – Instituto Nacional de Pesquisas Espaciais. **Efeito estufa**. 30 set. 2009. Disponível em: <https://www.youtube.com/watch?v=soicSlswjOk>. Acesso em: 28 maio 2018.

Esses vídeos educativos do Inpe demonstram parte do conteúdo visto neste capítulo.

Atividades de autoavaliação

1. Leia as afirmações a seguir sobre as camadas físicas (relativa à estrutura) da atmosfera e marque V para as afirmativas verdadeiras e F para as falsas.
   - ( ) A termosfera é a camada mais externa da atmosfera, se não for considerada a exosfera, e, consequentemente, é a que apresenta menores temperaturas.
   - ( ) Na mesosfera, o ar rarefeito faz com que sua capacidade de reter a energia solar seja reduzida, o que causa uma queda na temperatura em relação à termosfera.
   - ( ) A litosfera é a camada mais próxima da superfície terrestre e, por esse fato (facilidade de levantamento e coleta de dados, além do seu eficaz monitoramento), é a que mais é estudada pelos cientistas.
   - ( ) A troposfera, também denominada *atmosfera geográfica*, é a camada mais suscetível à ação gravitacional, motivo pelo qual concentra 75% da massa gasosa total da atmosfera, do vapor d'água e dos aerossóis.

   Agora, assinale a alternativa que apresenta a sequência correta:
   a) F, V, F, V.
   b) V, V, F, V.
   c) F, F, F, V.
   d) F, F, F, F.

2. Analise as assertivas a seguir sobre as camadas químicas (relativas à composição) da atmosfera.

   I. A troposfera é a camada mais próxima da superfície, variando de 220 km de altitude até 96 km acima da superfície terrestre em média.

   II. A *heterosfera* recebe tal nome devido à baixa variação de gases que a compõem.

   III. A homosfera é composta predominantemente de material particulado (poeira, sais, cinzas vulcânicas) e vapor de água em suspensão.

   Agora, assinale a alternativa correta:
   a) Somente as assertivas I e II são verdadeiras.
   b) Somente as assertivas II e III são verdadeiras.
   c) Somente as assertivas I e III são verdadeiras.
   d) Somente a assertiva III é verdadeira.

3. Sobre o albedo, um dos fatores que influenciam a radiação solar na dinâmica terrestre, assinale a alternativa correta:
   a) Albedo é a capacidade apenas de refletir a radiação solar incidente sobre um determinado alvo.
   b) Albedo é a capacidade apenas de absorver a radiação solar incidente sobre um determinado alvo.
   c) A neve apresenta alto teor de albedo, pois tem grande capacidade em absorver a energia que adentra o sistema.
   d) Um solo úmido com bastante matéria orgânica pode não refletir muita energia, o que faz com que tenha um baixo albedo.

4. A respeito dos equinócios e sua relação com a climatologia, analise as assertivas a seguir.
   I. Durante essas estações, os dias têm durações distintas entre os Hemisférios Norte e Sul.
   II. Ocorre nos dias dia 21 ou 22 de dezembro e nos dias 21 ou 22 de junho no Hemisfério Sul.
   III. Ocorre nos dias de intensa radiação, quando o Hemisfério Sul está mais próximo ao Sol em decorrência do movimento de translação.
   Agora, marque a alternativa correta:
   a) Somente as assertivas I e II são verdadeiras.
   b) Somente as assertivas I e III são verdadeiras.
   c) Somente as assertivas II e III são verdadeiras.
   d) Nenhuma das assertivas é verdadeira.

5. A respeito das noções apresentadas sobre os solstícios, assinale a alternativa correta:
   a) Os solstícios correspondem às posições da Terra nas quais o planeta recebe diferentes quantidades de insolação em seus distintos hemisférios.
   b) As estações mais quentes do primeiro semestre do ano, verão e primavera, correspondem ao solstício austral.
   c) Em razão da diferença de insolação entre os hemisférios, os dias têm durações iguais entre os Hemisférios Norte e Sul nos períodos de solstícios.
   d) O solstício ocorre nos dias 21 ou 22 de dezembro e nos dias 21 ou 22 de junho no Hemisfério Sul.

Atividades de aprendizagem

Questões para reflexão

1. Sobre a sazonalidade e a latitude, responda as questões a seguir em um texto bem-desenvolvido:
   a) Como são formadas as estações do ano (verão, outono, inverno e primavera) nos hemisférios?
   b) Por que nas baixas latitudes percebemos apenas duas estações do ano, ao passo que nas altas latitudes notamos mais facilmente as variações relativas às quatro estações?

2. Em um texto de, no mínimo, 30 linhas, explique o que é o efeito estufa e qual a sua relevância para a manutenção da vida na Terra. O texto deve conter introdução, desenvolvimento da temática e conclusão.

Atividade aplicada: prática

1. Pesquise as características das previsões do tempo atuais e de alguns meses passados, tentando correlacionar o comportamento da dinâmica atmosférica – As temperaturas aumentaram ou diminuíram? A pluviosidade subiu ou caiu? Os dias estão mais curtos ou mais longos? – com as características da atual estação do ano em sua região.

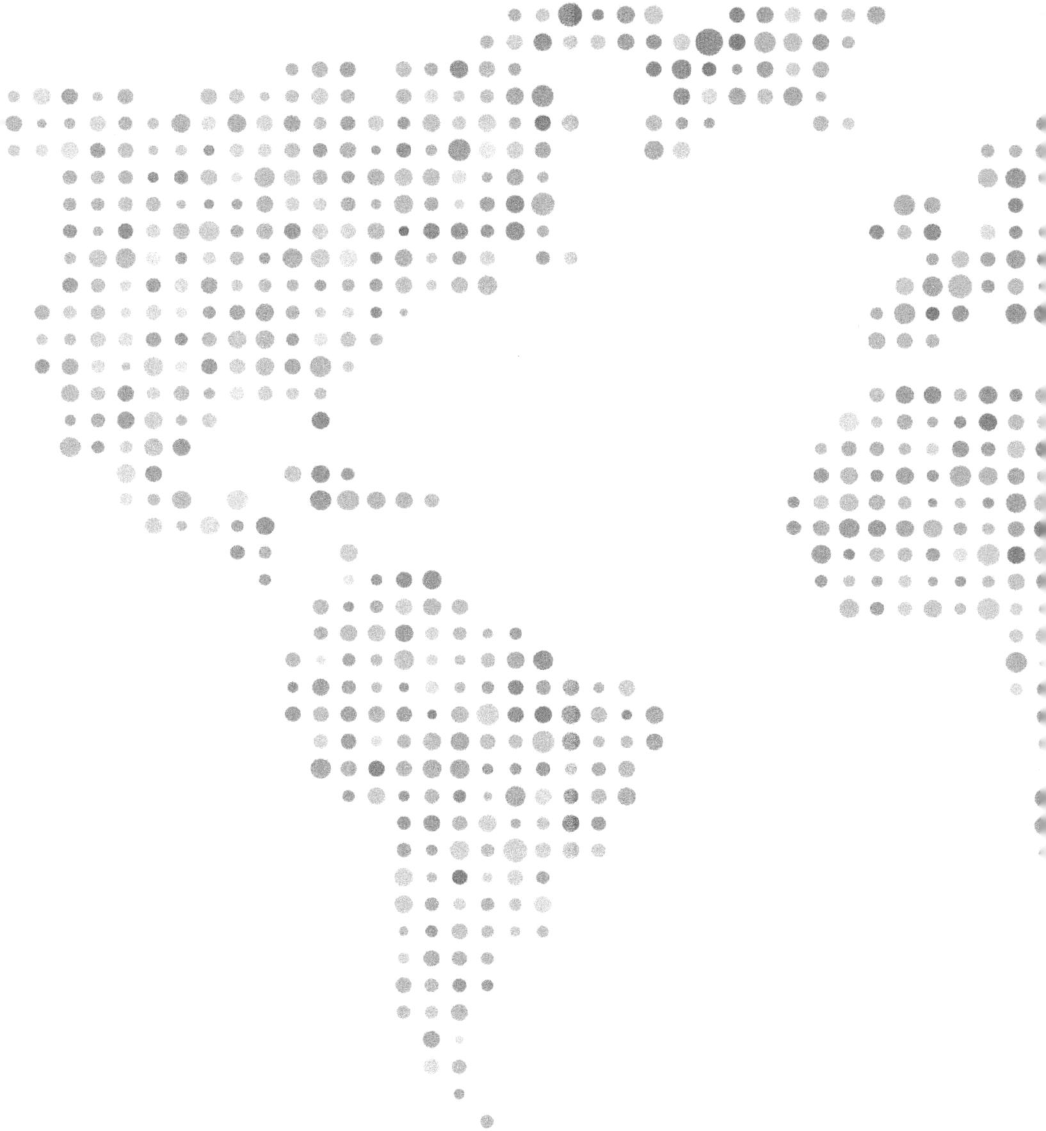

3

Elementos e fatores do clima

Adriano Ávila Goulart

Frequentemente utilizados no mesmo contexto, *elementos* e *fatores* do clima consistem em conceitos distintos e fundamentais para a climatologia. São condicionantes do tempo e, consequentemente, a longo prazo, do clima de determinada região.

Esses dois conceitos são fundamentais para a compreensão de fenômenos mais pontuais, locais, mas que apresentam um certo padrão e uma frequência.

3.1 Elementos do clima

São três os elementos constitutivos do clima que interagem na formação dos diferentes climas da Terra:

1. temperatura;
2. umidade;
3. pressão atmosférica.

Os elementos do clima dependem, portanto, de atributos físicos da paisagem que condicionam a atmosfera local. Ainda neste capítulo, nas Seções 3.3, 3.4 e 3.5, trataremos separadamente de cada um dos elementos e das influências diretas destes nas condições atmosféricas.

3.2 Fatores do clima

Como não há homogeneidade na constituição das paisagens ao redor do planeta, obviamente os fatores climáticos irão variar espacial e temporalmente. Essas variações são explicadas em razão da diferença dos seguintes fatores:

» latitude;
» relevo;
» altitude;
» vegetação;
» maritimidade/continentalidade;
» ação humana.

3.2.1 Latitude

A **latitude** é um importante condicionante climático, visto que está diretamente relacionado à incidência de energia que atinge a atmosfera (Ayoade, 2002; Mendonça; Danni-Oliveira, 2007).

A duração dos dias e das noites tem correlação estreita com a latitude, independentemente da estação do ano. Sendo assim, há maior ou menor entrada de energia no sistema dependendo da rotação da Terra sobre o eixo da latitude (Ayoade, 2002; Mendonça; Danni-Oliveira, 2007; Pita, 2009a).

Outra interferência clara da latitude na formação dos climas terrestres está relacionada aos **paralelos**. A inclinação do eixo da Terra sobre o plano da eclíptica permite uma maior intensidade de radiação entre as latitudes 23°23'S e 23°23'N, o Trópico de Capricórnio e o Trópico de Câncer, respectivamente (Mendonça; Danni-Oliveira, 2007).

A inclinação do eixo terrestre e o movimento de translação agem ainda na diferenciação de **intensidade de radiação** entre os Hemisférios Norte e Sul. Tal ação se evidencia com a intensificação das estações em países mais afastados da Linha do Equador; isso significa que, nesses países, é possível notar maiores diferenças entre as estações do ano (Ayoade, 2002; Mendonça; Danni-Oliveira, 2007; Pita, 2009a).

Importante!

A distribuição de energia que chega na troposfera se diferencia conforme a latitude. Essa diferença espacial é um padrão que se repete para ambos os hemisférios.

Partindo desse princípio, a Terra pode ser dividida em paralelos, de acordo com a quantidade de energia que cada faixa latitudinal recebe ao longo do ano (Mendonça; Danni-Oliveira, 2007). Com a divisão do globo em paralelos, podemos observar as **zonas climáticas** (Mapa 3.1), uma classificação abstrata que generaliza um dos principais fatores climáticos: a latitude.

Mapa 3.1 – Zonas climáticas mundiais

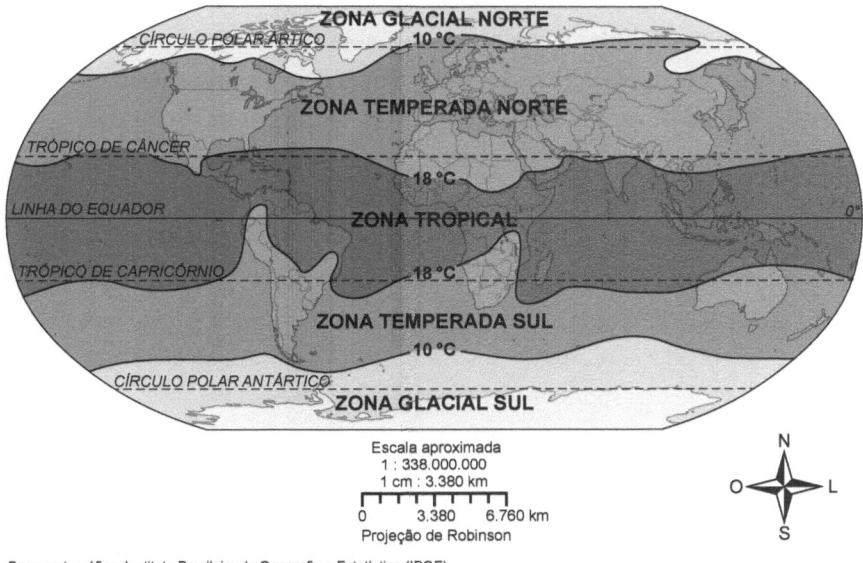

Escala aproximada
1 : 338.000.000
1 cm : 3.380 km
0 3.380 6.760 km
Projeção de Robinson

Base cartográfica: Instituto Brasileiro de Geografia e Estatística (IBGE)

João Miguel Alves Moreira

Fonte: Elaborado com base em Strahler; Charlier, 1972, citados por Ferreira, 2013; Simielli, 2013.

As zonas são assim divididas (Varejão-Silva, 2006; Vianello; Alves, 1991):

- » **Zona Glacial Sul** – Também conhecida como *Zona Polar Sul* ou *Zona Glacial Ántártica*, compreende o Círculo Polar Antártico, localizado nas altas latitudes; dessa forma, a quantidade de radiação solar recebida é mínima e resulta em baixas temperaturas. Além disso, nessa região há a formação de massas de ar polares (conteúdo a ser tratado no Capítulo 4), em áreas de alta pressão atmosférica atingidas por ventos do leste.
- » **Zona Temperada Sul** – Encontra-se entre o Círculo Polar Antártico e o Trópico de Capricórnio. A radiação solar dessa região varia durante o ano, tornando assim as temperaturas mais amenas, com verões mais frescos e invernos mais rigorosos. Nessa área, os ventos são oriundos do oeste.
- » **Zona Tropical** – Também conhecida como *Zona Equatorial*, a radiação solar nessa região torna-se mais uniforme durante o ano, possibilitando a ocorrência de temperaturas mais elevadas, verões quentes e invernos frescos. É na proximidade com o Equador que ocorrem as zonas de convergência, os ventos alísios e as baixas pressões atmosféricas.
- » **Zona Temperada Norte** – Localiza-se entre o Círculo Polar Ártico e o Trópico de Câncer. Tem a radiação reduzida durante o ano, com temperaturas mais baixas em relação às da Zona Tropical. Os ventos do oeste auxiliam na dinâmica da atmosfera. É correspondente à Zona Temperada Sul.
- » **Zona Glacial Norte** – Abrange a porção norte da Groelândia e registra baixas temperaturas em virtude da baixa incidência de radiação solar. Além disso, por influência das altas pressões atmosféricas, em conjunto com os ventos de leste, formam-se

massas de ar polares na região. Também é denominada *Zona Polar Norte*.

3.2.2 Relevo e altitude

O **relevo**, outro fator geográfico que condiciona diversos padrões climáticos, pode agir no clima em razão da variação de **altitude** – outro importante fator geográfico – dessa superfície, o que pode ser explicado pela pressão atmosférica. As formas de relevo, interferem na dinâmica atmosférica devido à rugosidade da superfície ou até mesmo pela orientação das vertentes (Mendonça; Danni-Oliveira, 2007; Pita, 2009a), condicionando parte da circulação atmosférica que atua sobre grandes regiões do globo.

Quando nos referimos a *relevo*, estamos tratando de porções consideráveis de massas continentais, cuja forma tem certa capacidade de favorecer ou dificultar fluxos de calor e umidade entre áreas próximas (Mendonça; Danni-Oliveira, 2007).

Para se ter uma ideia de como a posição do relevo interfere na formação do clima, vale a comparação entre a Cordilheira do Himalaia e a Cordilheira dos Andes. O primeiro sistema orográfico, o Himalaia, distribui-se mais latitudinalmente (leste-oeste), reduzindo a troca de calor entre o interior da China, mais frio, e o norte da Índia, mais quente (Pita, 2009a). Já nos Andes, que se distribuem mais no sentido norte-sul, não há o isolamento de massas de ar polares canalizadas pelo sistema orográfico que adentram o continente sul-americano (Mendonça; Danni-Oliveira, 2007), podendo chegar até às proximidades do Equador no solstício de inverno no Hemisfério Sul.

Nas maiores latitudes, fora dos trópicos, nas zonas subtropicais e polares, a orientação do relevo em relação ao Sol é fundamental para a interpretação da paisagem e, consequentemente, do clima local. Por exemplo, no Hemisfério Sul, as vertentes voltadas para o norte serão sempre mais quentes se comparadas com as voltadas para o sul, pois o sol estará, independentemente da época do ano, voltado sempre em direção ao horizonte norte (Mendonça; Danni-Oliveira, 2007).

Influência do relevo: o caso dos Alpes

Um outro caso de influência orográfica muito condicionada pela orientação das vertentes são os Alpes, na Europa.

Nessa formação orogenética, uma das mais conhecidas de todo o mundo, há uma maior exposição de uma das vertentes em relação a outras: já que as montanhas citadas encontram-se no Hemisfério Norte, as faces mais frias, denominadas *ubac* ou *lado ensombrado*, estão voltadas para o norte, e as faces mais quentes, *adret* ou *lado ensolarado*, voltadas para o sul (Ayoade, 2002).

Tal quadro climatológico reflete-se diretamente no uso e na ocupação do solo, com a presença antrópica, arquitetônica e agrícola nos vales alpinos, cujas vertentes são voltadas para o sul. Já nas vertentes mais frias, voltadas para a direção norte, tem-se a vegetação florestal nativa, sem a presença antrópica maciça (Ayoade, 2002).

3.2.3 Vegetação

Outro fator geográfico que atua na formação dos climas terrestres é a **vegetação**. As plantas desempenham um relevante papel como reguladoras de umidade e temperatura (Mendonça; Danni-Oliveira, 2007). Por exemplo, em áreas semiáridas ou desérticas, onde há uma vegetação escassa, adaptada à carência de água e, consequentemente, com baixa umidade, a amplitude térmica diária é altíssima.

Além da densidade da vegetação, há a **fitofisionomia** – isto é, a estrutura da formação vegetal –, que também tende a influenciar o clima local. Em uma formação campestre, por exemplo, não se tem a cobertura do dossel arbóreo contínuo, o que facilita o aquecimento do ar.

Outro ponto interessante para a formação do clima e frequentemente esquecido pela literatura é a presença de **serapilheira**, camada de matéria orgânica em decomposição que pode ser encontrada em formações vegetais mais densas, como florestas. A serapilheira tem funções fundamentais para a manutenção da fertilidade natural dos solos florestais – realizada por meio da ciclagem de nutrientes – e a estabilidade dos horizontes mais superficiais do solo, diminuindo a velocidade do escoamento superficial e reduzindo o impacto das gotas da chuva (efeito *splash*). Essa camada também é essencial para a manutenção da temperatura do solo, o que reduz a velocidade da troca de calor com a atmosfera (Lepsch, 2011).

3.2.4 Maritimidade/continentalidade

A **proximidade com grandes massas d'água**, em maior ou menor grau de intensidade, também é um fator geográfico do clima. Assim como a vegetação, a contiguidade de corpos d'água mantém a regularidade da temperatura e da umidade dos climas adjacentes, além de fornecer água para a troposfera, camada atmosférica mais próxima da superfície terrestre (Ayoade, 2002; Mendonça; Danni-Oliveira, 2007).

Em uma escala espacial mais abrangente, pode ser analisada a contribuição das **correntes marítimas** para a formação do clima. Para Mendonça e Danni-Oliveira (2007), as correntes oceânicas, quentes ou frias, são responsáveis pela troca de energia entre pontos distantes da Terra, contribuindo para a formação de áreas secas e chuvosas ao longo do globo. Em correntes quentes, há maior evaporação: o ar imediatamente acima é mais quente, o que possibilita a sua ascensão e, consequentemente, a formação de uma nebulosidade mais intensa, com maiores índices pluviométricos (Pita, 2009a). Sendo assim, áreas banhadas por correntes quentes tendem a apresentar características de um clima mais úmido e com amplitudes térmicas menores. Já nas áreas banhadas por corretes marinhas frias o quadro se inverte; com menor temperatura marítima e menos evaporação, o resultado é um clima com menor nebulosidade e índices pluviométricos mais baixos.

A compreensão do efeito da **maritimidade/continentalidade** passa pela diferença de calor específico entre os alvos, ou seja, o oceano e o continente se aquecem de maneiras distintas. O solo tem maior capacidade de absorção de energia do que a água; esta, consequentemente, perde mais lentamente a energia para a atmosfera, o que implica em amplitudes térmicas diárias mais baixas (Mendonça; Danni-Oliveira, 2007). Já para a continentalidade, o efeito é contrário: com menor capacidade para reter energia se comparado com os oceanos, as massas continentais permitem uma amplitude térmica diária muito alta, com grandes variações. Essas diferenças formam a dinâmica das brisas continentais e marinhas, que serão explanadas no final deste capítulo.

3.2.5 Ação humana

A **interferência antrópica** é outro fator climático que, por meio da descaracterização das paisagens, altera a dinâmica da natureza. Em ambientes urbanos – nos quais o ser humano já retirou toda a vegetação nativa, alterou os escoamentos superficial e subsuperficial, impermeabilizou o solo com diversos tipos de materiais e aumentou a concentração de partículas e de poeira na troposfera –, há uma complexidade elevada para a análise climática (Zavattini, 2004; Mendonça; Danni-Oliveira, 2007).

Em razão das variadas atividades humanas e da diversidade de materiais que compõem os espaços intraurbanos, segundo Mendonça e Danni-Oliveira (2007), a intensidade de aquecimento do ar não é homogênea, o que resulta na formação de campos térmicos bem demarcados em seu interior. Essas áreas heterogêneas, com diferentes temperaturas, são chamadas *ilhas térmicas*.

3.2.6 Campo térmico

O campo térmico refere-se à temperatura, um dos elementos constitutivos do clima. Para Mendonça e Danni-Oliveira (2007), a ***temperatura do ar*** é a medida do calor sensível armazenado no ar, geralmente calculada por meio de termômetros e notada em graus célsius ou fahrenheit.

Sabemos que *calor* e *temperatura* são conceitos estritamente relacionados, contudo, apesar dessa relação, não são sinônimos. A temperatura, ao contrário do calor, não é uma forma de energia e, por isso, não pode ser medida por unidades energéticas; entretanto, corresponde à propriedade que determina a direção do fluxo calorífico entre dois corpos e é mensurada em unidades específicas (Pita, 2009a).

> **Importante!**
> Quando dois corpos com temperaturas diferentes entram em contato, o mais quente cede calor para o mais frio até que as temperaturas fiquem homogêneas e não haja mais a troca de calor, situação denominada *equilíbrio térmico* (Mendonça; Danni-Oliveira, 2007).

Em alguns casos, o calor pode ser usado para processar mudanças de estado, sem, todavia, elevar a temperatura de um corpo (Mendonça; Danni-Oliveira, 2007). Para melhor explicar essa condição, citamos um exemplo do cotidiano: a água, ao alcançar a temperatura de 100 °C, absorve todo o calor e usa-o para se transformar de líquida para gasosa, sem que sua temperatura seja elevada.

A compreensão da noção de calor específico de um determinado elemento segue essa linha de raciocínio. Isso porque diferentes elementos comportam-se de maneiras distintas, visto que absorvem calor de modo específico. *Calor específico de um corpo*, conforme conceitua Pita (2009a), é a quantidade de calor necessária para que o corpo se aqueça 1 °C.

A entrada de energia na atmosfera não é homogênea, variando espacial e temporalmente (Ayoade, 2002; Mendonça; Danni-Oliveira, 2007; Pita, 2009a). A diferença de temperatura do ar pode ser causada por variações diárias, sazonais (anuais) ou até mesmo interanuais. A variação diária dá-se pela trajetória diária do Sol, com uma alteração geralmente significativa entre dia e noite. Como o próprio nome já propõe, a *variação sazonal* ocorre de acordo com a época do ano/estação, tendendo a ser mais intensa e perceptível nas grandes latitudes e mais homogênea nas proximidades do Equador. A última oscilação é a interanual, que resulta de dinâmicas oriundas de anomalias climáticas, determinando anos mais quentes e anos mais frios. Enfocaremos as duas primeiras variações, diárias e sazonais, já que são as mais representativas. Segundo Mendonça e Danni-Oliveira (2007), o aquecimento da superfície durante a manhã e a tarde é relativamente simultâneo, com um crescente ganho de energia em virtude da entrada de energia nesses períodos do dia, atingindo o seu pico máximo no final da tarde. Os autores afirmam que, após o pôr do Sol, há uma crescente perda de energia da Terra para a atmosfera e da atmosfera para o espaço exterior, por vezes representada por uma queda nos valores de temperatura, atingindo seu valor mais baixo logo antes do nascer do Sol. Tal situação pode ser observada no Gráfico 3.1.

Gráfico 3.1 – Variação da temperatura diurna

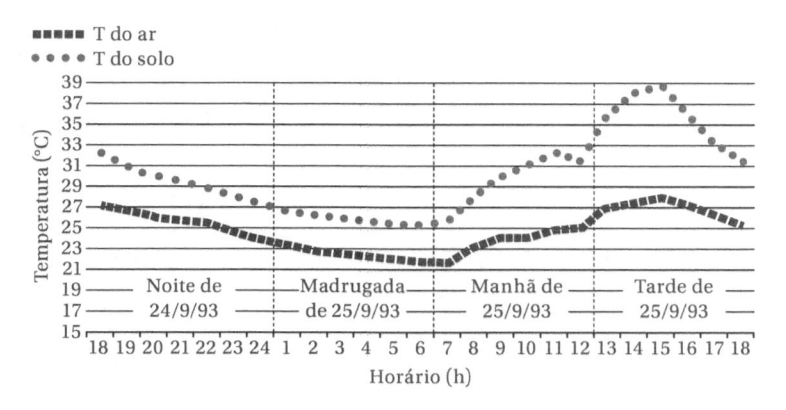

Fonte: Sette, citado por Mendonça; Danni-Oliveira, 2007, p. 53.

A variação da temperatura sazonal ocorre pela associação do movimento de translação à inclinação do eixo terrestre, o que permite a ocorrência de mudanças térmicas do norte ao sul da Linha do Equador ao longo do ano (Mendonça; Danni-Oliveira, 2007; Pita, 2009a). Assim, nesse caso, a temperatura do ar tem um padrão de aquecimento e arrefecimento, com picos no verão e no inverno, respectivamente em janeiro e julho, para o Hemisfério Sul.

Ao abordar a variação sazonal da temperatura nos diferentes hemisférios, devemos atentar para a diferente quantidade de massas continentais e oceânicas presentes nos hemisférios. Notadamente, o Hemisfério Norte recebe mais massas continentais se comparado ao Sul, que contém mais massas oceânicas. Tal diferença leva a um comportamento térmico diferente, como podemos observar no Mapa 3.2 (solstício de verão no Hemisfério Sul) e no Mapa 3.3 (solstício de inverno no Hemisfério Sul). Os valores da esquerda estão em fahrenheit (°F), e os da direita, em célsius (°C).

Mapa 3.2 – Comportamento térmico da Terra durante o mês de janeiro, no solstício de verão austral

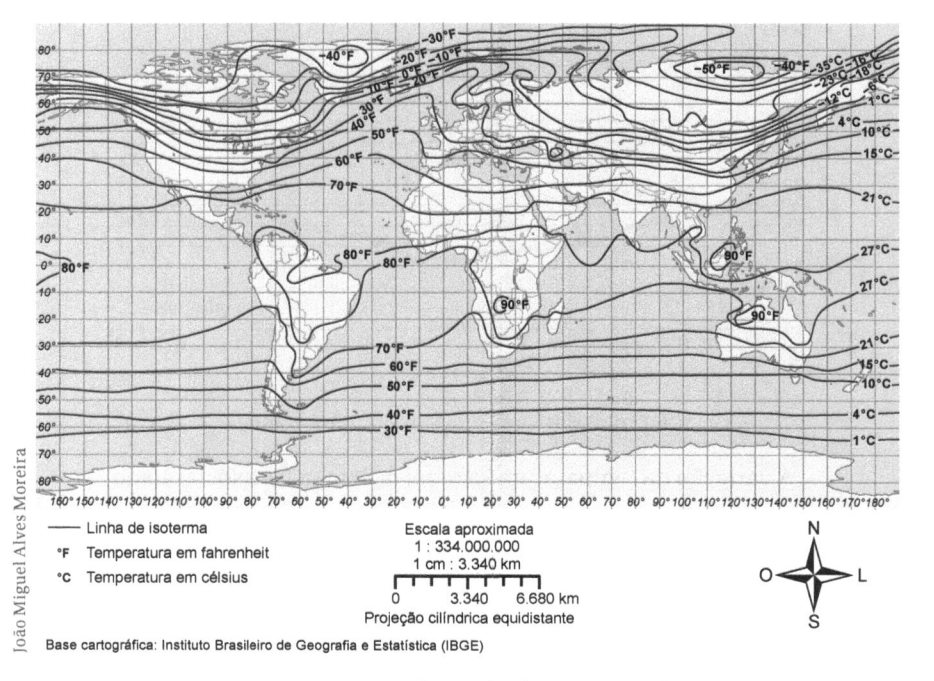

Fonte: Mendonça; Danni-Oliveira, 2007, p. 56.

Mapa 3.3 – Comportamento térmico da Terra durante o mês de julho, no solstício de inverno austral

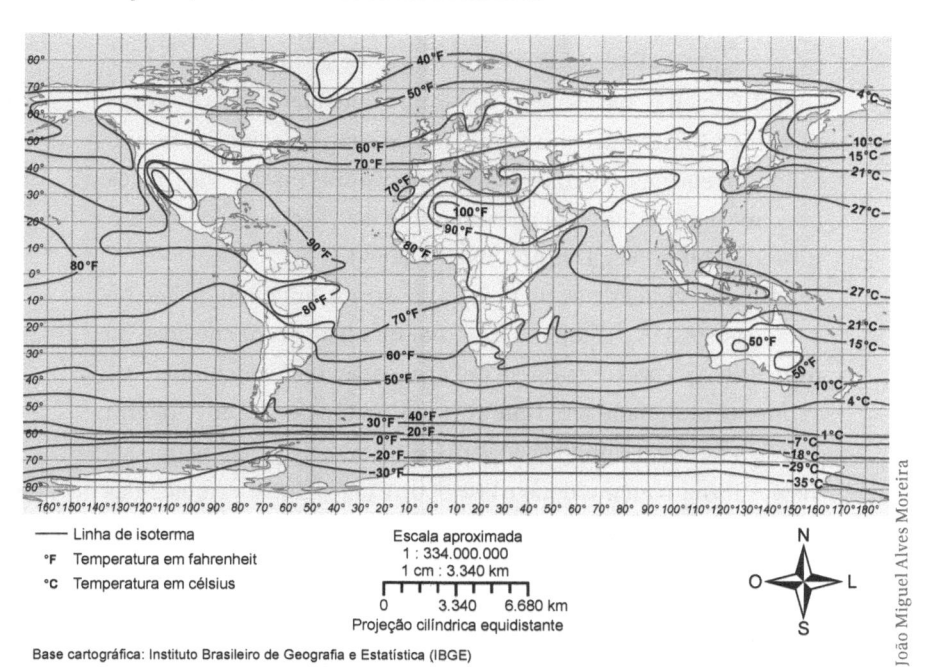

Fonte: Mendonça; Danni-Oliveira, 2007, p. 56.

Outro ponto interessante da variação térmica anual relaciona-se à atuação das correntes marítimas. Tais correntes são formadas pela diferença de densidade da água do mar, que varia de acordo com a salinidade e a temperatura das águas, influenciando diretamente a atmosfera acima da superfície (Mendonça; Danni-Oliveira, 2007) e, consequentemente, a circulação atmosférica global.

3.2.7 Campo higrométrico

O campo higrométrico refere-se à água contida na atmosfera, presente nos estados sólido, líquido e gasoso (Mendonça; Danni-Oliveira, 2007). Deve-se sempre considerar, nas análises do campo higrométrico, a totalidade do ciclo hidrológico, ponderando as relações das superfícies fornecedoras (mares, rios, lagos, oceanos, banhados e até mesmo o solo e a vegetação) com a troposfera (Mendonça; Danni-Oliveira, 2007).

A maior concentração de água na atmosfera encontra-se no estado gasoso. A percepção da maior ou menor concentração de umidade na atmosfera dá-se pela sensação de (des)conforto geralmente associado à temperatura (Mendonça; Danni-Oliveira, 2007). A água no estado gasoso presente no ar, apesar de não ser visível, torna-o menos denso. Isso ocorre pelo fato de as moléculas de água não se misturarem inteiramente com os demais gases que compõem a atmosfera, o que faz com que o vapor d'água substitua as moléculas de ar (Mendonça; Danni-Oliveira, 2007). Tal comportamento do ar úmido nos ajuda a entender sua dinâmica na atmosfera, tendendo sempre a ascender na troposfera.

De acordo com Mendonça e Danni-Oliveira (2007), a expressão mais utilizada para expressar a água em estado gasoso na atmosfera é *umidade relativa*. Esse termo representa a proporção, geralmente representada em porcentagem, de água no ar em relação à sua possível concentração máxima.

Quando em estado líquido, a água torna-se visível. Uma confusão frequente é associarmos a nuvem de vapor que sai dos bules aquecidos à água em estado gasoso; o que vemos, na verdade, é a água que passou pelo processo de **condensação** e, portanto, está em estado líquido (Mendonça; Danni-Oliveira, 2007). Assim são formadas as nuvens, por meio da condensação da água, que passa do estado gasoso para o líquido, num processo inverso ao da **evaporação**.

Em temperaturas abaixo de 0 °C, a água alcança seu ponto de **solidificação** ou de congelamento, transformando-se em gelo. Nas nuvens mais elevadas, esse processo pode ocorrer no interior da atmosfera, formando finos cristais de gelo (Ayoade, 2002; Mendonça; Danni-Oliveira, 2007). O processo inverso ao congelamento, isto é, quando há o aumento da temperatura, com o gelo transformando-se em água novamente, é conhecido como *fusão* ou *liquefação*. A formação de gelo a partir do vapor d'água, a **sublimação**, também pode ocorrer na atmosfera de maneira natural, porém necessita de temperaturas negativas extremas.

3.2.7.1 Água, atmosfera e temperatura: confluências

O orvalho, a geada, a neblina e mesmo a formação de nuvens estão condicionadas à existência de água na atmosfera e à temperatura em que se dão os processos de passagem de um estado para outro. O **orvalho** resulta da condensação do ar quente e úmido em contato com uma superfície fria (Ayoade, 2002; Mendonça; Danni-Oliveira, 2007). Em virtude dessas condições, o orvalho tende a ocorrer durante a madrugada, quando as baixas temperaturas da superfície condensam o ar que está em contato, formando uma camada de pequenas gotículas de água.

Ao contrário do orvalho, a **geada** não é resultante do processo de condensação do vapor d'água, mas sim do processo de sublimação. Portanto, para a ocorrência de geada, necessita-se de temperaturas abaixo de 0 °C, de modo que o vapor d'água congele logo acima da superfície (Ayoade, 2002; Mendonça; Danni-Oliveira, 2007).

Segundo Mendonça e Danni-Oliveira (2007), o orvalho é uma relevante fonte de água para a vegetação em locais com baixos índices pluviométricos, o que não pode ser dito em relação à geada, pois a vegetação não consegue absorver a água em estado sólido; além disso, o gelo da geada danifica parte das plantas e de seus propágulos e frutos, o que causa sérios prejuízos econômicos em regiões cuja base econômica é agrária.

Já a **neblina**, também conhecida como *cerração* ou *nevoeiro*, consiste em uma condensação da água no ar (formando gotículas d'água) nas proximidades da superfície, como uma nuvem em contato com a litosfera (Ayoade, 2002; Mendonça; Danni-Oliveira, 2007). A neblina pode ser formada por três principais processos:

1. **Nevoeiro frontal**: Ocorre no contato entre ar frio e ar quente na chegada de uma frente fria.
2. **Nevoeiro de evaporação**: Ocorre pela condensação do vapor d'água logo acima de um corpo d'água que evaporou.
3. **Nevoeiro orográfico**: Ocorre em vertentes que recebem a umidade proveniente de grandes massas d'água em seu entorno, forçando o ar úmido a subir rapidamente, o que o faz resfriar na mesma velocidade, condensando-o (Mendonça; Danni-Oliveira, 2007).

3.2.7.2 Nuvens: formação e classificação

Como já visto, o ar úmido tem menor densidade em relação ao ar seco, o que faz com que a umidade esteja sempre ascendendo na atmosfera. Conforme esse ar ascende, há um resfriamento que permite, assim, a condensação do vapor d'água (Ayoade, 2002; Mendonça; Danni-Oliveira, 2007) e, consequentemente, a formação das nuvens.

As nuvens, portanto, são formadas por gotículas de água, com 10 a 100 micrômetros de diâmetro (Mendonça; Danni-Oliveira, 2007), suspensas no ar, ainda sem densidade suficiente para cair em forma de chuva. Sabendo que diferentes nuvens têm dinâmicas de formação distintas, a presença de cristais de gelo em seus interiores está condicionada a sua classificação. Essa divisão em tipos de nuvens resulta em uma abstração que parte não apenas das formas, mas também dos movimentos ascensionais e do desenvolvimento vertical delas (Ayoade, 2002; Mendonça; Danni-Oliveira, 2007; Cuadrat, 2009b). Esses movimentos de subida do ar úmido podem ser provocados por diversos motivos, como: convecção (originada pela dinâmica da atmosfera), radiação (deixando o ar com menor densidade), ação orográfica (a rugosidade da superfície cria condições para condensação do vapor d'água em alguns pontos) e ação de sistemas dinâmicos do clima (principalmente a ação das frentes) (Ayoade, 2002; Mendonça; Danni-Oliveira, 2007; Cuadrat, 2009b). Com base nesses movimentos de ascensão do ar, podemos partir para a classificação das nuvens de acordo com sua altura.

As nuvens são classificadas, conforme a altitude de sua base, em altas, médias, baixas e de desenvolvimento vertical (Mendonça; Danni-Oliveira, 2007). O primeiro tipo, **nuvens altas**, apresenta base acima de 7 km da superfície e são compostas basicamente por cristais de gelo. Nessa altura, as nuvens são classificadas utilizando o prefixo *cirrus* (Ayoade, 2002; Mendonça; Danni-Oliveira, 2007; Cuadrat, 2009b). As **nuvens médias** têm suas bases entre 2 e 7 km de altura, o que permite que elas sejam formadas por água já no estado líquido, e são classificadas com o prefixo *alto* (Ayoade, 2002; Mendonça; Danni-Oliveira, 2007; Cuadrat, 2009b). A categoria seguinte, ***nuvens baixas***, leva tal nome porque suas bases estão a menos de 2 km da superfície da litosfera, formadas, assim como as nuvens médias, de gotículas de água. O prefixo utilizado para caracterizá-las é *estratos* (Ayoade, 2002; Mendonça; Danni-Oliveira, 2007; Cuadrat, 2009b). A última categoria é a de

nuvens de desenvolvimento vertical, com suas bases em 2 km, mas podendo atingir 18 km de altura em seu topo. Sua formação decorre de movimentos rápidos de ascensão do ar, em baixas latitudes, geralmente no solstício de verão, atingindo seu ápice de acúmulo de água no final da tarde. Geralmente resultam em chuvas intensas, com presença de granizo e a nomenclatura utilizada para classificá-las leva o prefixo *cúmulus* (Ayoade, 2002; Mendonça; Danni-Oliveira, 2007; Cuadrat, 2009b). A Figura 3.1 demonstra como são classificadas as nuvens, com suas diferenças de formas e de altura da base.

Figura 3.1 - Principais tipos de nuvens

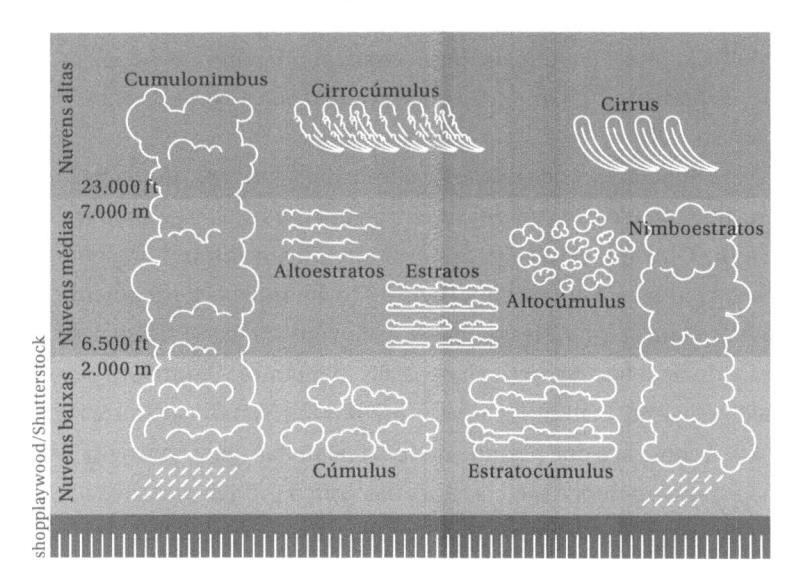

Mas se as nuvens são formadas por água em estado sólido e líquido, como a nuvem se mantem suspensa no ar?

A condensação e a sublimação não explicam sozinhas a precipitação, apenas são responsáveis por formar as nuvens. No interior das nuvens, as gotículas de água ainda se encontram em tamanhos muito pequenos para vencer a força ascendente do ar proveniente da ação convectiva. Sendo assim, para ser considerada uma precipitação, as gotas de chuva devem estar em um tamanho significativo para que consigam iniciar a queda e no trajeto irem agregando outras moléculas de água, aumentando seu tamanho até que consigam atingir a superfície sem evaporar (Ayoade, 2002; Mendonça; Danni-Oliveira, 2007).

Em números, segundo Mendonça e Danni-Oliveira (2007), uma gotícula deve apresentar um diâmetro maior que 500 µm para ter uma densidade que a faça cair, constituindo assim uma gota de chuva, que, por sua vez, pode chegar a diâmetros de até 5.000 µm.

Já a formação do granizo deve-se ao transporte das gotículas, internamente na nuvem, para o topo, onde as temperaturas são mais baixas, fazendo com que se solidifiquem. O tamanho do granizo corresponde à capacidade de transporte das correntes ascendentes geradas pela turbulência interna de nuvens como as *Cumulonimbus*, em que quanto mais forte a corrente, maior o granizo (Mendonça; Danni-Oliveira, 2007).

A **precipitação pluviométrica**, isto é, a quantificação da chuva, é representada por milímetros, medidos por meio de de pluviômetros e pluviógrafos (Ayoade, 2002). Os dados de precipitação podem ser tabulados em diferentes escalas temporais, representando o total de precipitação em dias, meses, estação do ano e ano (Ayoade, 2002). Segundo recomendação do Instituto Nacional de Meteorologia (Inmet), os dados devem ser computados em leituras regulares feitas às 15h, 21h e 9h do próximo dia (Mendonça; Danni-Oliveira, 2007). Já para mensurar a intensidade da chuva, utiliza-se a leitura em uma hora ou dez minutos.

Tipos de chuva

Há diferentes processos de formação das nuvens e, consequentemente, de ascensão do ar. Esses processos permitem que classifiquemos as precipitações pluviais em alguns tipos, como: convectiva, orográfica e frontal (Ayoade, 2002; Mendonça; Danni-Oliveira, 2007; Cuadrat; Pita, 2009).

A **chuva convectiva** ou *de origem térmica* ocorre em razão do movimento convectivo causado por um intenso aquecimento do ar úmido, fazendo com que o movimento ascendente seja rápido até os níveis mais altos da troposfera, onde a umidade é condensada, permitindo assim a formação das gotículas e posteriormente a precipitação destas em forma de chuva (Mendonça; Danni-Oliveira, 2007). As nuvens mais características desse tipo de chuva são as *cúmulos*, com grande desenvolvimento vertical (Ayoade, 2002).

A **chuva orográfica** ou *de relevo* é formada, como o próprio nome já indica, pela presença de um diferencial de altitude significativo. A ocorrência de umidade nas proximidades de uma barreira física leva o ar a ascender, fazendo com que o vapor d'água condense. Vale ressaltar a diferença entre as vertentes: a face que fica voltada para as massas d'água, e por isso recebe maior pluviosidade, é denominada *barlavento*; já a vertente que fica após a barreira física recebe menos umidade, pois o ar que transpassa a barreira já não possui tanta umidade e está no movimento descendente, recebendo o nome de *sotavento* (Mendonça; Danni-Oliveira, 2007).

O último tipo de chuva, a **chuva frontal**, é originada pelo encontro de duas massas de ar com temperaturas e umidades contrastantes, o que, pela ação da pressão (que será vista no próximo item "Campo barométrico"), gera ascensão do ar mais quente e úmido (Ayoade, 2002). O nome *frontal* deve-se ao fato de essas chuvas ocorrerem frequentemente na entrada de frentes frias.

Figura 3.2 – Tipos de chuva

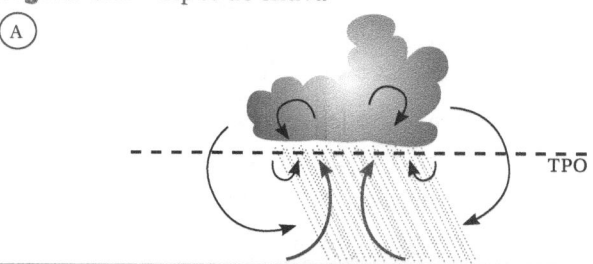

(A)

Chuva convectiva: a convecção resulta do forte aquecimento do ar e caracteriza-se por movimentos ascensionais turbilhonares e vigorosos, que elevam o ar úmido. A saturação, expressa pela temperatura do ponto de orvalho (TPO), promove a formação de nuvens e a precipitação.

(B)

Chuva orográfica ou de relevo: a vertente a barlavento força o ar úmido a ascender, atingindo a saturação do vapor (TPO) nos níveis mais elevados, onde são formadas as nuvens, podendo ocorrer chuva. A vertente a sotavento não gera nuvens, uma vez que há descenso do ar e este encontra-se mais seco.

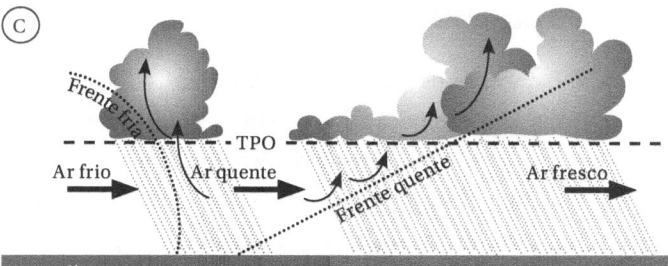

(C)

Chuva frontal: forma-se pela ascensão forçada do ar úmido ao longo das frentes. As frentes frias, por gerarem movimentos ascensionais mais vigorosos, tendem a formar nuvens cumuliformes mais desenvolvidas. Nas frentes quentes, a ascensão é mais lenta e gradual, gerando nuvens preferencialmente do tipo estratiforme.

Fonte: Mendonça; Danni-Oliveira, 2007, p. 72.

Fique atento!
Se existem diferentes tipos de precipitação, existe um padrão espacial de precipitação ao redor do globo?

Esse padrão não só existe em todo o planeta como também se mostra complexo segundo variáveis de escalas distintas, locais e planetárias, como: relação com correntes marítimas, zonas de temperatura condicionadas pela latitude, ventos úmidos provenientes do oceano e dinâmicas locais da baixa atmosfera (Mendonça; Danni-Oliveira, 2007).

Nas proximidades do Equador estão as áreas que recebem maior precipitação de todo o globo. Tal fato deve-se ao processo intenso de evaporação e pela presença de correntes quentes nas baixas latitudes. No restante da região tropical, as chuvas são condicionadas pela presença de correntes quentes ou frias nas proximidades do litoral: em litorais banhados por correntes marítimas quentes, a precipitação é mais intensa; já onde as correntes são frias a pluviosidade é menos significativa se comparada com os litorais banhados por correntes quentes.

3.2.8 Campo barométrico

O último campo que iremos tratar é o barométrico, relativo à pressão atmosférica. A movimentação do ar na troposfera segue alguns princípios que caracterizam uma dinâmica, feita de padrões de circulação, que será tema do próximo capítulo.

O instrumento geralmente utilizado para medir a pressão atmosférica é o **barômetro**, e a representação cartográfica é feita por meio de **cartas sinópticas**, com representações em linhas isóbaras, que são feitas pela união de pontos com a mesma pressão do ar (Mendonça; Danni-Oliveira, 2007).

A pressão atmosférica é o peso do ar, ou seja, o peso que as moléculas de ar exercem sobre determinado ponto da superfície. Sendo assim, quanto mais baixo o ponto, geralmente maior será a coluna de ar pressionando-o pela ação da gravidade e, consequentemente, maior tenderá a ser a pressão atmosférica.

A medida padrão da pressão atmosférica é feita ao nível médio do mar, sendo esta de 1 atm. Porém, não é apenas a ação gravitacional que interfere na pressão atmosférica: a temperatura e a umidade também.

Temperaturas mais altas fazem com que ocorra um maior número de choques entre as moléculas, aumentando sua energia cinética, causando um distanciamento entre elas e, consequentemente, a expansão do ar (Ayoade, 2002; Mendonça; Danni-Oliveira, 2007). Tal quadro causa uma diminuição da pressão atmosférica, o que indica uma zona de baixa pressão, geralmente identificadas por um *B* maiúsculo nas cartas sinópticas.

Quando o ar está mais frio, a ação é contrária, formando zonas de alta pressão representadas por *A* em cartas sinópticas. Com o resfriamento, há uma diminuição dos movimentos das moléculas e, consequentemente, uma redução dos choques entre elas (Mendonça; Danni-Oliveira, 2007). Nesse contexto, a densidade e a pressão do ar aumentam.

O padrão espacial de pressão atmosférica está, portanto, condicionado à distribuição de energia do globo (Ayoade, 2002). Nas baixas latitudes, as altas temperaturas do ar causam o aquecimento e a expansão deste, formando células de baixa pressão, o que permite que o ar quente e úmido ascenda. Já nas regiões próximas aos polos, o quadro se inverte, com baixo aquecimento do ar e aumento de pressão atmosférica.

Além da temperatura, a **umidade** também interfere na pressão atmosférica. Devido ao fato do ar úmido apresentar menor densidade se comparado com o ar seco de mesmo volume, o ar úmido tende a ocorrer em áreas de menor pressão e o seco em regiões de alta pressão (como em grande parte das áreas desérticas do globo).

Para Mendonça e Danni-Oliveira (2007), segundo essa lei, em duas áreas contíguas com pressões diferentes, o ar tende a se deslocar sempre das áreas de alta pressão (ar mais frio e seco) em direção às de baixa pressão (ar mais quente e úmido), até que as massas de ar se misturem e encontrem um equilíbrio barométrico, não havendo diferença significativa de temperatura ou pressão (Ayoade, 2002). Tal processo dá origem ao que chamamos de **vento**, um processo que, segundo a terminologia científica, é caracterizado como **advecção** (Mendonça; Danni-Oliveira, 2007). Quanto à velocidade do vento, deve-se atentar para a diferença de pressão – ou *gradiente de pressão* – entre os dois pontos: quanto maior a diferença de pressão, maior será o gradiente de pressão e, consequentemente, maior será a velocidade de deslocamento do ar (Ayoade, 2002).

Mais próximo à superfície, a dinâmica de pressão atmosférica pode ser evidenciada pela formação de nebulosidade ou de ausência de nebulosidade. Nas regiões de baixa pressão, onde o ar ascende, há uma tendência de o ar convergir próximo à superfície, ascendendo e formando a nebulosidade após a condensação do vapor d'água (Ayoade, 2002, Mendonça; Danni-Oliveira, 2007; Cuadrat, 2009b). Já em regiões de alta pressão atmosférica, o ar realiza movimentos de subsidência, o que faz com que ele se dissipe próximo à superfície, criando uma **área de divergência** (Ayoade, 2002, Mendonça; Danni-Oliveira, 2007; Cuadrat, 2009b).

Um resumo de todos os movimentos das células de baixa e alta pressão, explicados por partes, pode ser visualizado na Figura 3.3.

Figura 3.3 – Modelo de circulação em superfície

```
         ↑ Ascensão ↑              ↓ Subsidência ↓
         │ Ar quente │              ▼ Ar frio    ▼
════════════════════════════════════════════════════════
```
O ar quente tende a ascender, e o ar frio, a descender (subsidência)

```
         ↑          ↑              ↓            ↓
         │    B     │              ▼    A       ▼
════════════════════════════════════════════════════════
```
Em superfície, a ascensão do ar gera baixa pressão (B) e a subsidência gera alta pressão (A)

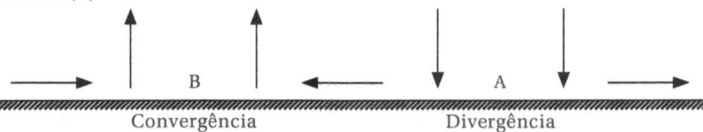

```
         ↑          ↑              ↓            ↓
   →     │    B     │  ←       ▼    A       ▼   →
════════════════════════════════════════════════════════
              Convergência         Divergência
```
Estabelecido o gradiente de pressão de superfície entre as duas áreas, ocorre advecção de ar entre ambas, de modo que o ar irá convergir na área de baixa pressão e divergir na área de alta pressão

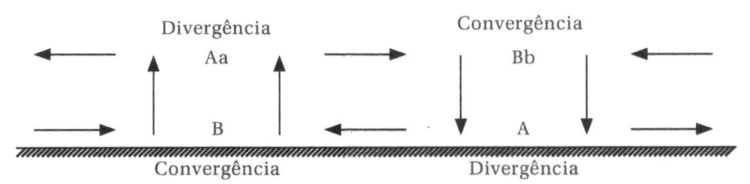

```
            Divergência            Convergência
                Aa                      Bb
   ←     ↑          ↑  →       ↓            ↓   ←
         │          │              ▼            ▼
   →     │    B     │  ←       ▼    A       ▼   →
════════════════════════════════════════════════════════
              Convergência         Divergência
```
Completando a célula de circulação que se forma em decorrência do gradiente de pressão, em altitude, haverá uma área de alta pressão (Aa), onde se dá a ascensão do ar, e uma de baixa (Ba), onde ocorre a subsidência do ar. O movimento do ar nesse nível altimétrico será de divergência na alta pressão (Aa) e de convergência na baixa (Ba)

Fonte: Mendonça; Danni-Oliveira, 2007, p. 76.

Como se mede a intensidade de um vento? Quais são suas categorias?

Para se medir a velocidade do vento, existem alguns instrumentos simples. Um cata-vento é uma ferramenta eficaz de medir a intensidade do deslocamento do ar, porém, para a climatologia há a necessidade de se mensurar esse deslocamento (Mendonça; Danni-Oliveira, 2007). Para tal, existe uma classificação segundo a velocidade que o vento atingir: a classificação de Beaufort.

Então, o vento é direcionado apenas pelos diferentes gradientes de pressão?

Caso o planeta não apresentasse o movimento de rotação, a resposta dessa pergunta seria positiva, com o ar saindo dos centros de baixa pressão em direção aos de alta, formando as células de pressão. Contudo, além da força da gravidade, existe também a interferência da rotação da Terra – o **Efeito Coriolis**. Portanto, a resposta é: não! Tal efeito age desviando o vetor de deslocamento conforme o hemisfério em que se encontra: no Hemisfério Sul, o vento se desloca para a esquerda e, no Hemisfério Norte, para a direita, conforme ressaltam Mendonça e Danni-Oliveira (2007).

Tal movimentação do vento aparece de forma espiralada e pode ser percebida nas cartas sinóticas, na nebulosidade formada por centros de baixa pressão. Já vimos que os gases respondem à lei das dinâmicas dos fluidos, logo, a água também apresenta o mesmo comportamento, sendo igualmente suscetível à rotação da Terra e ao Efeito Coriolis. A Figura 3.4 exemplifica a interferência do Efeito Coriolis para os centros de pressão atmosférica localizados no Hemisfério Sul.

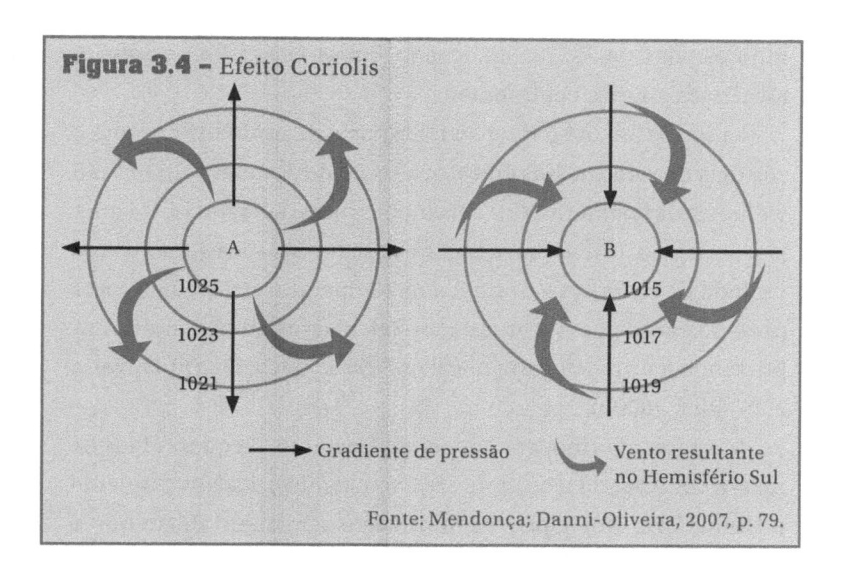

Figura 3.4 - Efeito Coriolis

→ Gradiente de pressão   ↘ Vento resultante no Hemisfério Sul

Fonte: Mendonça; Danni-Oliveira, 2007, p. 79.

3.2.8.1 Monções

Monções é um termo corriqueiramente utilizado para tratar de variações sazonais de comportamentos da atmosfera. As monções se formam em grande diferença de pressão e temperatura, isto é, resultam dos grandes contrastes termobarométricos (Mendonça; Danni-Oliveira, 2007) existentes entre grandes massas continentais e oceânicas, acumuladas durante as estações do ano.

Em razão da diferença de calor específico, as massas continentais se aquecem mais se comparada a sua temperatura com a dos oceanos, criando zonas de baixa pressão nos continentes (Mendonça; Danni-Oliveira, 2007; Pita, 2009b).

Conforme a dinâmica dos ventos, a orientação daqueles que ascendem na baixa pressão é em direção à alta pressão, estacionada sobre o oceano (Mendonça; Danni-Oliveira, 2007; Pita, 2009b). Porém a dinâmica da alta pressão do oceano é dispersar os ventos, úmidos por estar acima do oceano, em direção à baixa pressão, localizada sobre o continente.

Sendo assim, há o intenso transporte de umidade durante o solstício de verão nessas áreas, ocasionando grandes volumes pluviométricos no interior dos continentes onde essa dinâmica atua. Já no solstício de inverno, a dinâmica se inverte, ocasionando um período de estiagem e de queda na temperatura, visto que a alta pressão agora passa a atuar sobre as massas continentais, empurrando a umidade para o oceano (Mendonça; Danni-Oliveira, 2007; Pita, 2009b).

A atuação das monções depende, portanto, da quantidade de massa continental e de água em cada hemisfério. Notadamente, o Hemisfério Norte possui mais áreas continentais do que o Sul, o que permite criar um gradiente de temperatura e pressão mais discrepante se comparado ao outro hemisfério (Mendonça; Danni-Oliveira, 2007). A monção mais conhecida é a que ocorre na Índia, condicionando algumas atividades agropecuárias de maneira sazonal nesse país (Ayoade, 2002).

Fique atento!

Por que pescadores saem logo antes do nascer do sol e retornam apenas no final do dia? Por que ao final do dia a água da piscina parece estar mais quente do que o lado de fora? Por que na praia, à noite, o vento parece sempre soprar em direção ao mar?

As respostas para essas perguntas estão relacionadas com o calor específico da água e do continente e, consequentemente, ao gradiente de pressão que esse aquecimento/resfriamento gera.

Ao contrário da massa continental, opaca e de elevado albedo, a água é semitransparente, o que permite que parte da luz solar penetre abaixo da lâmina d'água, fazendo com que tenha baixo albedo

(Mendonça; Danni-Oliveira, 2007). Tal fato faz com que, durante o dia, as massas d'água (alta pressão) se aqueçam e se resfriem mais lentamente se comparadas ao continente (baixa pressão). Assim, a impressão que se tem durante o dia é que o ar sobre o continente está sempre mais quente se comparado com o dos corpos d'água.

Durante a noite o quadro se inverte. Com o baixo calor específico do solo, há uma rápida perda de energia acumulada no continente durante o dia (alta pressão), enquanto que na água (baixa pressão) esse resfriamento ocorre de maneira mais gradual. Sendo assim, durante a noite, a impressão que se tem é que a água está sempre mais quente do que o solo (Mendonça; Danni-Oliveira, 2007).

Essa dinâmica de mudança de temperatura e, consequentemente, de pressão durante as 24 horas do dia é a responsável pelas brisas continentais (à noite, quando o vento sai do continente em direção ao oceano) e marítimas (de dia, quando o vento sai do oceano em direção ao continente). Sabendo empiricamente dessa dinâmica, os pescadores preferem sair pouco antes do nascer do Sol para aproveitar o máximo da brisa terrestre e navegar sem maiores esforços. A Figura 3.5 exemplifica a formação das brisas e a dinâmica local dos ventos em regiões litorâneas conforme a ação termobarométrica.

Figura 3.5 – Formação das brisas marinha e continental

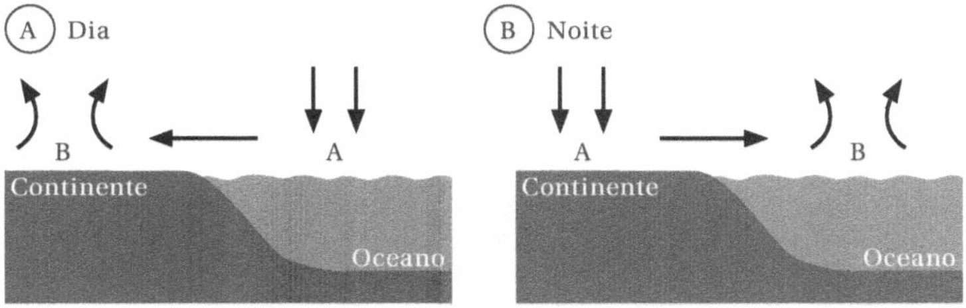

Fonte: Mendonça; Danni-Oliveira, 2007, p. 81.

Síntese

Um dos propósitos deste capítulo foi o de diferir o que são os elementos e o que são os fatores que formam o clima, discutindo-os segundo as particularidades de cada um. Elencamos, no decorrer do capítul,o alguns assuntos que eventualmente aparecem em climatologia, como a influência da latitude na maior ou menor sensibilidade em relação às diferentes épocas do ano.

Verificamos pontos fundamentais na discussão, como a formação e a classificação das nuvens e a explanação sobre a brisa marinha e continental. Esses pontos são de abordagem frequente nos ensinos fundamental e médio; portanto, o licenciado em Geografia deve ter total domínio ao trabalhá-los em sala de aula.

Tratamos dos fatores do clima, que são: latitude, altitude, maritimidade/continentalidade, vegetação e atividades humanas. Cada um desses fatores, com suas particularidades, traz variáveis para as paisagens analisadas, diferenças locais que agem condicionando os climas em escala mais pontual. Por fim, analisamos os elementos do clima, que são: temperatura, umidade e pressão atmosférica. Cada um desses elementos formam os campos térmico, higrométrico e barométrico, respectivamente.

Indicação cultural

Site

WINDY. Disponível em: <https://www.windy.com/>. Acesso em: 28 maio 2018.

Nesse site, pode ser vista em tempo quase real a dinâmica atmosférica, desde a direção e a intensidade dos ventos até a formação das nuvens e das precipitações, as temperaturas e a pressão barométrica.

Atividades de autoavaliação

1. Tratamos no decorrer deste capítulo sobre os elementos do clima e sua importância nos estudos de climatologia. Com base nisso, leia as assertivas a seguir.
   I. Temperatura – são as variações sazonais e diárias de temperatura, além das diferenças de calor específico que podem ser explicadas pelo campo térmico.
   II. Relevo – influencia na formação do clima regional por meio da circulação atmosférica próxima à superfície terrestre, por exemplo.
   III. Continentalidade – influencia na formação do clima, com variações de temperaturas significativas devido à menor presença da umidade em muitos casos.

   Agora, assinale a alternativa correta:
   a) Somente as assertivas I e II são verdadeiras.
   b) Somente as assertivas II e III são verdadeiras.
   c) Somente as assertivas I e III são verdadeiras.
   d) Somente a assertiva I é verdadeira.

2. Sobre os fatores do clima, assinale a alternativa correta:
   a) Vegetação, que mantém a umidade na atmosfera por meio da evapotranspiração, causando, na maioria das vezes, uma menor variação da amplitude térmica diária.
   b) Sazonalidade, responsável pela diferença térmica ou de pluviosidade entre as diferentes estações do ano.
   c) Pressão atmosférica, que atua na possibilidade de se ter menor ou maior proximidade entre as moléculas dos gases que compõem a atmosfera, possibilitando aumento ou queda na temperatura, conforme a altitude aumenta ou diminui.
   d) Temperatura, campo térmico responsável por dinâmicas de transferência de calor entre corpos.

3. Sobre o campo térmico, que trata das temperaturas da superfície da Terra, leia as assertivas a seguir.
   I. A quantidade de massas continentais e oceânicas iguais em ambos os hemisférios faz com que o aquecimento seja igual nos dois os hemisférios ao longo de um ano.
   II. Generalizando para o Brasil, no mês de outubro têm-se as máximas diárias por volta das 15h, pouco antes do Sol se pôr.
   III. Generalizando para o Brasil, no mês de outubro têm-se as mínimas diárias por volta das 5h, pouco antes do Sol nascer.
   Agora, marque a alternativa correta:
   a) Apenas as assertivas I e II são verdadeiras.
   b) Apenas as assertivas II e III são verdadeiras.
   c) Apenas as assertivas I e III são verdadeiras.
   d) Apenas a assertiva I é verdadeira.

4. Sobre o campo higrométrico, que trata da água presente na superfície e na atmosfera, leia as assertivas a seguir.
   I. *Umidade relativa* é o termo mais frequente para tratar da água em estado gasoso presente na atmosfera.
   II. A água na atmosfera é encontrada apenas nos estados gasoso e líquido.
   III. Os três tipos de chuvas existentes são as convectivas, orográficas e frontais.
   Agora, marque a alternativa correta:
   a) Apenas as assertivas I e II são verdadeiras.
   b) Apenas as assertivas II e III são verdadeiras.
   c) Apenas as assertivas I e III são verdadeiras.
   d) Apenas a assertiva I é verdadeira.

5. Sobre o campo barométrico, que trata da pressão atmosférica, leia as assertivas a seguir.
   I. No topo de uma montanha, a pressão atmosférica terá seus menores valores se comparada com as baixas altitudes.
   II. Nas cartas sinóticas, os centros de alta pressão são usualmente representados pela letra A, e os de baixa, pela letra B.
   III. Nas proximidades do Equador, a agitação das moléculas do ar causada pelo aquecimento destas forma células de alta pressão, fazendo com que o ar quente úmido descenda.
   Agora, marque a alternativa correta:
   a) Apenas as assertivas I e II são verdadeiras.
   b) Apenas as assertivas II e III são verdadeiras.
   c) Apenas as assertivas I e III são verdadeiras.
   d) Apenas a assertiva I é verdadeira.

Atividades de aprendizagem

Questões para reflexão

1. Defina o que é orvalho, geada e neblina. Explicite as características de cada um desses fenômenos.

2. Explique o que são as brisas marinhas e oceânicas, explanando como a pressão atmosférica atua em diferentes horas do dia em um mesmo ponto do litoral invertendo a direção do vento. Comece a explicação pelo calor específico das superfícies envolvidas no processo.

Atividade aplicada: prática

1. Se você fosse contratado(a) para realizar um estudo sobre o clima do local em que está morando, sua cidade e bairro, quais os fatores condicionantes do clima você elencaria como os mais relevantes para a caracterização do microclima? Como se dá a dinâmica dos elementos do clima na área?

4
Dinâmicas da atmosfera

Thiago Kich Fogaça

Os estudos da dinâmica da atmosfera envolvem teoria e observação de todos os movimentos de sistemas meteorológicos mais importantes, como tempestades, tornados, furacões, ciclones e anticiclones e jatos de ar. Buscar explicações para esses fenômenos atmosféricos consiste em aprimorar as previsões do tempo, além de desenvolver métodos para escalas sazonais e anuais.

Vale ressaltar que esses estudos remetem à compreensão do movimento do ar. Em escala global, o movimento do ar é definido pela circulação geral da atmosfera e sua compreensão remete a outros aspectos, como os centros de ação, as massas de ar e as frentes, que serão evidenciados neste capítulo.

4.1 Circulação geral da atmosfera

A *circulação geral da atmosfera* é entendida como o processo de movimentação do ar, tendo como principais causas as diferenças de temperatura e pressão na superfície terrestre. Os estudos dos fenômenos atmosféricos incluem o entendimento sobre as células de circulação de ar e também sobre a relação entre os compostos ar e água, com suas próprias dinâmicas (Mendonça; Danni-Oliveira, 2007). O ar e seu movimento definem a circulação atmosférica simultaneamente ao movimento da água, que é responsável pela determinação das correntes marítimas (Mendonça; Danni-Oliveira, 2007).

Primeiramente, os campos de pressão na superfície formam os controles climáticos responsáveis pela movimentação do ar em extensas áreas do planeta – e por meio do conhecimento desses centros e suas dinâmicas se tornou possível aprimorar os estudos climáticos. Já evidenciamos que a pressão atmosférica é um elemento de suma importância na regulação do tempo e que sua oscilação representa alterações na dinâmica atmosférica.

A atmosfera é um fluido que possui uma estrutura altamente complexa e sua compreensão é orientada por uma série de leis da física (leis da mecânica dos fluídos e termodinâmica) para a circulação. Porém, pesquisadores têm indicado que foi pelo processo de observação que o entendimento sobre a atmosfera apresentou avanços nas ciências atmosféricas (Mendonça; Danni-Oliveira, 2007).

A circulação geral da atmosfera apresenta uma diversidade de conceituações, por exemplo: para alguns, é a média do estado da atmosfera, com alguns detalhes em escalas menores, como o microclima, podendo ainda ser entendida como estado instantâneo da atmosfera; para outros, é o resultado de fenômenos atmosféricos permanentes e semipermanentes na circulação da atmosfera, incluindo também a Zona Intertropical de Convergência, os jatos de alta pressão, os centros de ação, como ciclones e anticiclones, e as monções de verão e inverno; uma outra interpretação considera a circulação geral como todas as propriedades quantitativas e estatísticas (Lorenz, 1967).

A quantidade de energia solar que a Terra recebe não é distribuída de forma homogênea em sua superfície, devido principalmente à latitude e aos seus próprios movimentos, que interferem nas estações do ano, como a translação (Mendonça; Danni-Oliveira, 2007; Barry; Chorley, 2013). Apesar das diferenças, existe equilíbrio na atmosfera, pois de acordo com o que afirmam Mendonça e Danni-Oliveira (2007), ocorre transferência de energia entre as diferentes regiões do globo. Para exemplificar esse fato, utilizaremos a classificação das zonas climáticas: a **zona intertropical** (baixas latitudes) é aquela que recebe maiores quantidades de energia solar, mas, a perda dessa energia para o espaço é inferior ao recebido; já nas **zonas temperadas e polares** (médias e altas latitudes), o processo ocorre ao contrário, porém o que se observa é que a movimentação do ar e das correntes oceânicas e marítimas transferem a energia recebida na zona equatorial para as demais, fazendo a regulação da atmosfera e o equilíbrio do balanço de energia.

A dinâmica da atmosfera é também condicionada pelos centros de ação, que podem ser de alta ou de baixa pressão, além de apresentarem uma distribuição em zonas paralelas ao Equador. Todavia, é necessário entender também como o relevo, a continentalidade e a maritimidade interferem nessas dinâmicas e no padrão da circulação atmosférica (Mendonça; Danni-Oliveira, 2007; Barry; Chorley, 2013). A circulação contínua da atmosfera dificulta o entendimento e a representação das leis que regem a circulação, razão por que se utiliza a cartografia para representar os centros de ação – por meio de isóbaras, que são as linhas de pressão (Mendonça; Danni-Oliveira, 2007).

Existem zonas fundamentais (Ver Mapa 3.1 do Capítulo 3) para observar a circulação geral da atmosfera, divididas conforme a variação latitudinal: Zona Glacial Norte, Zona Temperada Norte, Zona Tropical, Zona Temperada Sul e Zona Glacial Sul (Mendonça; Danni-Oliveira, 2007).

Por intermédio dessa repartição, pesquisadores identificaram diferenças no movimento do ar associadas a movimentos de ascendência, subsidência e advecção. Por meio desses movimentos são geradas células, entre elas a célula de Hadley (descoberta por G. Hadley em 1735), em baixas latitudes; a célula de Ferrel (descoberta por W. Ferrel em 1856), em latitudes médias; as células polares, nas altas latitudes; e por fim, a célula de Walker (descoberta por Sir Gilbert Walker entre os anos de 1922-1923), estudada em escalas macro e mesoclimáticas no Oceano Pacífico (Barry; Chorley, 2013).

Figura 4.1 – Circulação atmosférica global

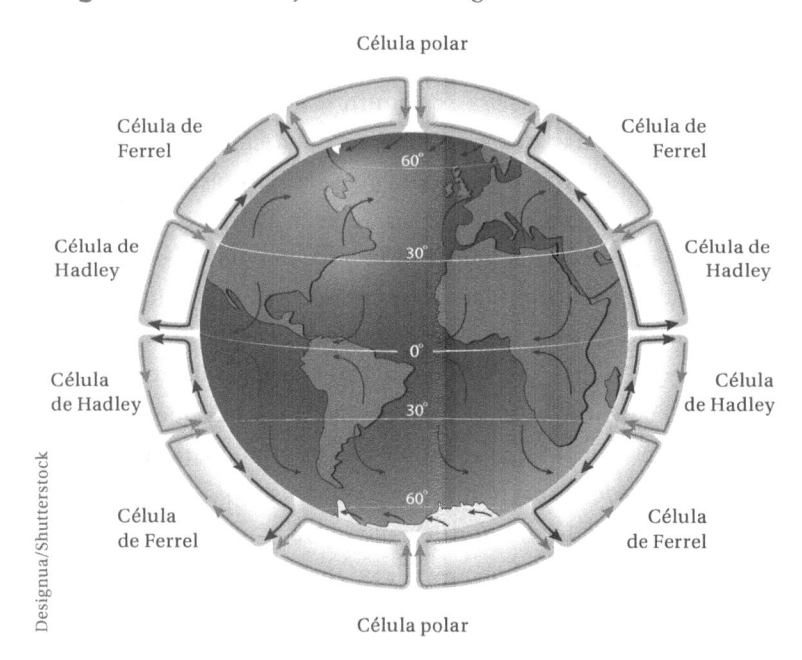

Analisando a Figura 4.1, podemos identificar o movimento do ar nas células de circulação. As primeiras células que iremos evidenciar são as de Hadley, que se encontram nas zonas equatoriais, locais que recebem radiação solar durante o ano todo e são mais aquecidos. Sendo assim, o movimento geral do ar é de ascensão no Equador e de subsidência por volta das latitudes de 20°-30° em ambos os hemisférios e são chamados de *ventos alísios*, com direção predominante de leste para oeste (Mendonça; Danni-Oliveira, 2007).

De acordo com Lorenz (1967), as **células de Hadley** ocorrem em sentido absoluto, pois, como a Terra está em rotação (sob ação do Efeito Coriolis), os ventos que circulam para o equador são defletidos (no Hemisfério Sul para a esquerda do movimento e no Hemisfério Norte para a direita), formando os ventos alísios de sudeste no Hemisfério Sul e os de nordeste no Hemisfério Norte. No entanto, Barry e Chorley (2013) questionam a afirmação de Lorenz (1967), ressaltando que o comportamento do ar nas áreas equatoriais não é totalmente homogêneo: primeiro, pela recepção da energia solar não ser simples em todas as áreas e, segundo, porque os ventos alísios não podem ser considerados completamente contínuos em toda extensão de atuação.

Figura 4.2 – Esquema de circulação geral da atmosfera: perfil longitudinal

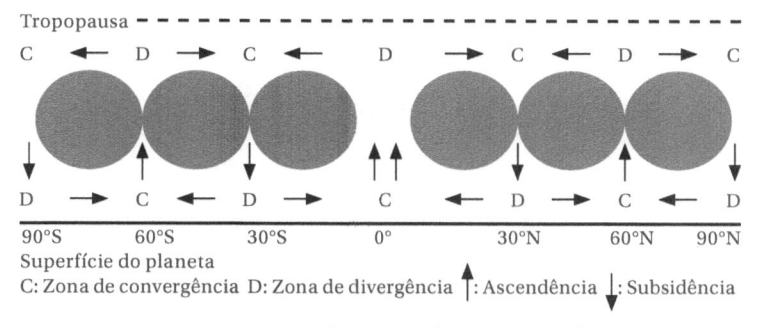

Tropopausa −
C ← D → C ← D → C ← D → C

D → C ← D → C ← D → C ← D

90°S   60°S   30°S   0°   30°N   60°N   90°N
Superfície do planeta
C: Zona de convergência D: Zona de divergência ↑: Ascendência ↓: Subsidência

Fonte: Mendonça; Danni-Oliveira, 2007, p. 85.

Na latitude 30° (em ambos os hemisférios) ocorre o encontro de ar frio em altas altitudes oriundo das células de Hadley e Ferrel – reforçadas por correntes de ar frio das regiões polares –, que convergem e sofrem subsidência. Quando esse ar frio subside e atinge a superfície, acaba formando dois ramos (divergência): um que se move novamente para o Equador e outro que se move em direção aos polos (Mendonça; Danni-Oliveira, 2007; Barry; Chorley, 2013). Por conseguinte, o ar frio – que sofreu subsidência entre as células de Hadley e Ferrel e se deslocou em direção aos polos –, com a proximidade da superfície da Terra, se aquece e passa a sofrer ascensão novamente nas altas latitudes, entre as células de Ferrel e as Polares, completando um ciclo de movimento do ar que é reiniciado pela divergência do ar em 90° em ambos os hemisférios.

Figura 4.3 – Demonstrativo da célula de Walker

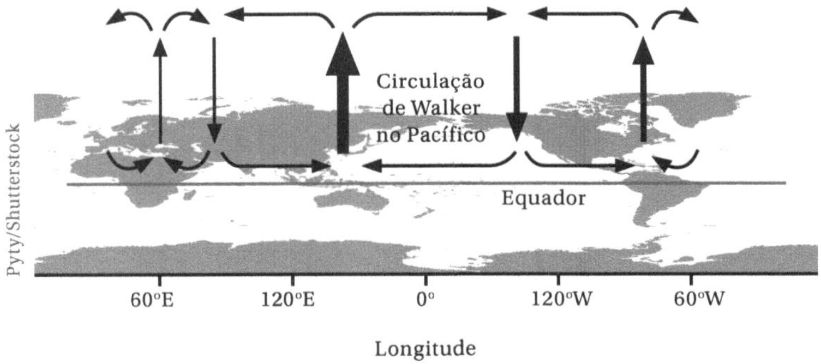

Circulação de Walker no Pacífico

Equador

60°E   120°E   0°   120°W   60°W

Longitude

Pyty/Shutterstock

Fonte: Di Liberto, 2014.

Conforme mencionado, a célula de Walker se apresenta na caracterização mesoclimática, pois ocorre no Oceano Pacífico e, ao contrário das células anteriores, que ocorrem no sentido norte-sul, ela ocorre em sentido leste-oeste (Figura 4.3). Observe que o Oceano Pacífico apresenta correntes de água geladas na costa da América do Sul e, ao passo que se direcionam para oeste até a costa da Austrália, é visível uma corrente de água quente (águas superficiais) (Mendonça; Danni-Oliveira, 2007; Barry; Chorley, 2013). Tendo em vista que as correntes oceânicas também influenciam o movimento do ar superficial, é possível identificar o ar que sofreu subsidência na América do Sul se deslocando até a Austrália, impulsionado pelas correntes oceânicas; ao atingir a Austrália, esse ar sofre ascensão (devido à baixa pressão da Indonésia), ocasionando a geração de nuvens e precipitação no local; o ar frio gerado pela ascensão na Indonésia percorre o sentido oeste-leste e sofre subsidência próximo ao Equador, na América do Sul, fechando o ciclo (Mendonça; Danni-Oliveira, 2007; Barry; Chorley, 2013).

A dinâmica de movimentação do ar é importante para a compreensão dos eventos que ocorrem na superfície da Terra e na caracterização da dinâmica atmosférica. Para isso, no entanto, é necessário também compreender a relação com os centros de ação, que serão evidenciados a seguir.

4.2 Dinâmica atmosférica e centros de ação

Com base na da dinâmica atmosférica, torna-se possível determinar o clima de um local, pois é por meio da aplicação dos conhecimentos da circulação geral da atmosfera que se analisa como esta se comporta em cada localidade. A dinâmica atmosférica varia de acordo com a latitude, a longitude, a continentalidade e a maritimidade, entre outros aspectos físicos da paisagem, como os evidenciados anteriormente, que também merecem a relação com os chamados *centros de ação*.

Os centros de ação são entendidos como zonas de alta ou baixa pressão atmosférica que desencadeiam os movimentos da atmosfera apresentados no item 4.1 (Circulação geral da atmosfera). Esses centros de ação apresentam sazonalidade quanto aos seus deslocamentos, já que são afetados pelas variações da radiação (Mendonça; Danni-Oliveira, 2007).

Figura 4.4 – Representação do movimento do ar nos ciclones e anticiclones no Hemisfério Sul

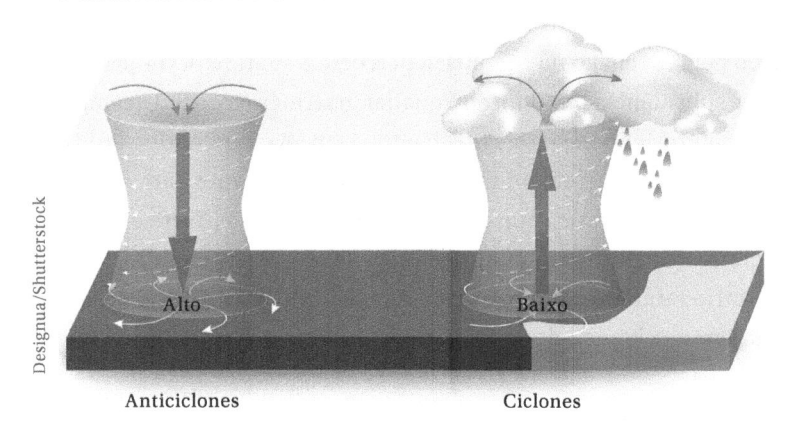

Anticiclones   Ciclones

Os centros de ação são divididos em positivos (anticiclones) e negativos (ciclones). Como é possível verificar na Figura 4.4, os **anticiclones** têm pressão atmosférica maiores que seu entorno, no qual o ar frio das altas altitudes, por ser mais denso, apresenta subsidência, ocasionando a divergência do ar; já os **ciclones**, ao contrário, estão associados às baixas pressões atmosféricas, em que o ar mais quente, por ser mais leve, sofre ascensão e, ao atingir altas altitudes, é responsável pela formação de nuvens e pela geração de chuvas – que são intensas quando a ascensão ocorre em curto período de tempo (Mendonça; Danni-Oliveira, 2007; Barry; Chorley, 2013).

Geralmente ocorre a movimentação do ar das regiões de alta pressão (anticiclones) para as de baixa (ciclonais); quando um ambiente está sob influência de um anticiclone, geralmente apresenta tempo firme, pois, com a divergência do ar, a umidade é empurrada para outras localidades, em direção aos centros de ação negativos (ciclones) (Mendonça; Danni-Oliveira, 2007; Barry; Chorley, 2013).

No Hemisfério Norte, atreladas ao Efeito de Coriolis, as dinâmicas dos centros de ação são contrárias ao Hemisfério Sul, pois sua dinâmica de circulação se inverte (no Hemisfério Sul, o movimento do anticiclone é no sentido anti-horário, e do ciclone, no sentido horário); além disso, no inverno do Hemisfério Norte, as massas de ar e os ciclones se deslocam mais intensa e expressivamente em direção ao norte (Mendonça; Danni-Oliveira, 2007).

Segundo Mendonça e Danni-Oliveira (2007), existem cinco principais anticiclones de atuação global: de Santa Helena, da Ilha de Páscoa e de Mascarenhas, no Hemisfério Sul; dos Açores e da Califórnia ou Havaí, no Hemisfério Norte.

Passando a evidenciar os centros de ação positivos que atuam diretamente na América do Sul, observe o quadro a seguir.

Quadro 4.1 - Centros de Ação Positivos da América do Sul e características

Centros de Ação	Ocorrência
Anticiclone de Açores	Solstício de verão do Hemisfério Sul
Anticiclone de Amazônia ou *Doldrums*	Verão do Hemisfério Norte
Anticiclone Semifixo do Atlântico Sul	Verão do Centro-Oeste, Nordeste, Sudeste e Sul brasileiro
Anticiclone Semifixo do Pacífico Sul	Verão da costa do Pacífico da América do Sul
Anticiclone Migratório Polar	Inverno no sul da América do Sul

Fonte: Elaborado com base em Mendonça; Danni-Oliveira, 2007, p. 96-98.

Os anticiclones apresentados no Quadro 4.1, juntamente com os sistemas de baixa pressão (ciclones), são os responsáveis pela dinâmica atmosférica no Brasil, variando conforme a absorção de radiação solar.

Os centros de ação negativos que atuam na América do Sul podem ser classificados em Depressão do Chaco e Depressão dos 60° de Latitude Sul: o primeiro se refere à depressão existente entre o Paraguai e a Argentina, que, devido às características do relevo, são responsáveis pela formação de um centro de baixa pressão; o segundo "situa-se na faixa subpolar das baixas pressões do globo e localiza-se sobre os mares vizinhos à Península Antártica (mar de Weddel e de Ross), consideravelmente distante do continente sul-americano, embora desempenhe um importante papel sobre a dinâmica de sua atmosfera" (Mendonça; Danni-Oliveira, 2007, p. 99).

Os ciclones também apresentam características específicas. Segundo Gan e Seluchi (2009), existem quatro principais ciclones setorizados que são classificados em três tipos: A, B e C. Os **ciclones do tipo A** são desenvolvidos durante uma corrente de ar de pouca intensidade, mas de alta pressão, com a pré-existência de um cavado de alta intensidade e, por conseguinte, a formação de uma oclusão (as frentes oclusas serão evidenciadas a seguir) (Gan; Seluchi, 2009).

Os **ciclones do tipo B** se desenvolvem também com a presença de um cavado, mas aliados à existência de uma área de advecção de ar quente e possivelmente associados a uma frente fria; eles ainda podem originar um novo tipo de ciclone, que libera um nível de calor latente em níveis acima dos demais (Gan; Seluchi, 2009). Os **ciclones de tipo C** são os ciclones orográficos ou a sota-ventos de montanhas, que diferem dos demais pelas diferenças em suas estruturas (Radinovic, 1986). Os ciclones ainda podem ser considerados *tropicais*, quando atuam dentro dos limites dos trópicos, e *extratropicais*, quando se formam nas latitudes superiores aos anteriores.

Figura 4.5 – Ciclones tropicais registrados no Oceano Pacífico

NASA/NOAA's GOES Project

Na Figura 4.5, podemos observar a atuação de ciclones tropicais registrados pelo Satélite Goes da Nasa. Vale ressaltar que os ciclones também são considerados tempestades, devido à velocidade dos ventos e ao impacto que ocasionam.

Importante!

O processo de formação dos ciclones é chamado de *ciclogênese*, ou seja, a dinâmica de formação dos ciclones também é utilizada para classificá-los e pode variar pela intensidade com que ocorrem (que é dada pela vorticidade, explicada pela mecânica dos fluídos); vale ressaltar que, devido às características de baixa pressão e de convergência do ar, os ciclones estão normalmente relacionados a chuvas e ventos (Mendonça; Danni-Oliveira, 2007).

Esses centros de ação se relacionam diretamente com a transferência de calor na atmosfera e, por consequência, interferem na umidade, influenciando as condições do tempo nas localidades onde atuam. Sendo assim, a compreensão do seu funcionamento é importante tanto para a meteorologia quanto para a climatologia. Nesse sentido, pesquisadores têm se dedicado na geração de modelos que possam simular o mecanismo de formação dos centros de ação e, assim, compreender melhor seus efeitos na sociedade.

Bjerknes e Solberg (1922), na tentativa de gerar um modelo, consideraram os ciclones extratropicais como originados ao longo de uma frente polar, no encontro de uma massa de ar polar com outra tropical, com densidades diferentes, o que altera sua duração. Mesmo com quase um século da publicação desse estudo, o modelo ainda é utilizado como base para sustentar novos estudos sobre os mecanismos de formação dos ciclones.

Após a compreensão dos centros de ação, que são responsáveis pelo movimento do ar, passaremos a identificar outras características que o classificam em diferentes massas de ar.

4.3 Massas de ar

As massas de ar são parte da atmosfera, podendo ser conceituadas como "uma unidade aerológica, ou seja, uma porção da atmosfera, de extensão considerável, com características térmicas e higrométricas homogêneas" (Mendonça; Danni-Oliveira, 2007, p. 99). Além disso, elas podem variar em dimensão horizontal e vertical e medir até mesmo quilômetros em ambos os sentidos. No mesmo sentido do conceito anterior, o glossário *on-line* do Instituto Nacional de Meteorologia (Inmet, 2018) conceitua *massas de ar* como "uma região da atmosfera em que a temperatura e a umidade, em plano horizontal apresentam características uniformes". Por sua vez, Barry e Chorley (2013, p. 224) conceituam as *massas de ar* como "um grande corpo de ar, cujas propriedades físicas (temperatura, teor de umidade e gradiente de temperatura) são mais ou menos uniformes horizontalmente por centenas de quilômetros".

Quanto a sua formação, as massas de ar necessitam da associação de três condições: superfície plana e extensa, baixa altitude e características superficiais homogêneas – razão por que "as massas de ar só se formam nos oceanos, mares e planícies continentais" (Mendonça; Danni-Oliveira, 2007, p. 100). Além disso, Mendonça e Danni-Oliveira (2007) afirmam que as massas de ar são, geralmente, resultantes de circulações atmosféricas mais lentas ou da própria estabilidade atmosférica, características que podem ser encontradas nas altas latitudes, em regiões polares ou nas áreas das altas pressões subtropicais.

As massas de ar podem ser classificadas em primárias e secundárias: as **primárias** são aquelas que ainda não sofreram alterações significativas pela interação com as áreas por onde se deslocaram; as massas de ar **secundárias**, ao contrário, são aquelas que foram muito alteradas pelos locais durante seu deslocamento (Mendonça; Danni-Oliveira, 2007).

Isso ocorre porque as massas de ar podem se deslocar por extensas áreas da Terra e são influenciadas pelas características dos ambientes que percorrem, sofrendo alterações na temperatura e na umidade. Essa capacidade de interação com a estrutura física das paisagens faz com quem as massas de ar sofram alterações permanentes, o que diferencia, por exemplo, uma massa de ar primária de uma massa de ar secundária (Ayoade, 2006; Mendonça; Danni-Oliveira, 2007).

As características básicas das massas de ar são determinadas pela zona de origem (local no qual se formaram); esses locais condicionam a temperatura e a umidade, porém esta última varia de acordo com a natureza da superfície em que se formou: uma massa formada em superfícies marítimas ou oceânicas será úmida, enquanto uma massa de ar formada em superfícies continentais será seca (Mendonça; Danni-Oliveira, 2007; Barry; Chorley, 2013).

Figura 4.6 – Massas de ar predominantes no mundo

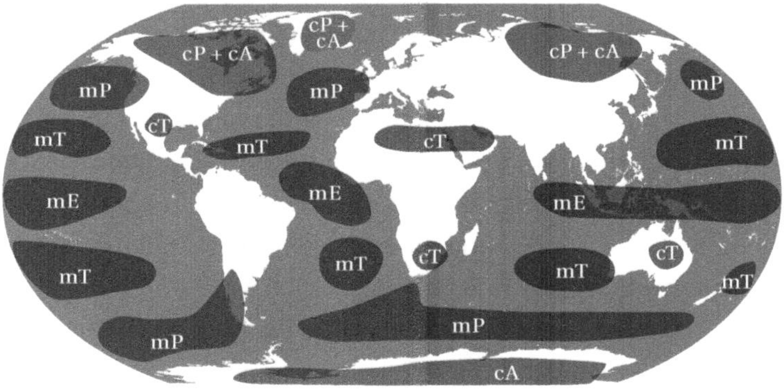

Peter Hermes Furian/Shutterstock

Na Figura 4.6, podemos observar a predominância de algumas massas de ar pela Terra. Primeiro, as massas consideradas mais quentes são as localizadas nas baixas latitudes, sendo representadas pelas siglas *cT* (continental tropical), *mT* (marítima tropical) e a *mE* (marítima equatorial); enquanto que as das altas latitudes, de característica mais frias, são as *cP* (continental polar), *cA* (continental ártica ou antártica) e *mP* (marítima polar). Elas recebem esses nomes devido a sua área de formação e atuação.

Exemplificando algumas características das massas de ar, temos, por exemplo, as massas de ar ártica e antártida, que são caracterizadas pelo frio, por se formarem ao redor dos polos, nas altas latitudes. À medida que se movimentam em direção às médias latitudes, elas têm sua dimensão alterada, tornando-se menos extensas em altura (Inmet, 2018). Quando a massa de ar polar atinge o Brasil, pode ocasionar severa queda na temperatura, com a possibilidade de geadas nas regiões Sul, Centro-Oeste e Sudeste do país.

Prosseguindo, as massas de ar tropicais e equatoriais têm como característica as altas temperaturas, já que são originadas nas baixas latitudes e recebem mais radiação solar. Elas podem variar entre continentais ou marítimas: as massas que se originam em porções continentais são secas, enquanto as que se formam nos oceanos apresentam altos índices de umidade, podendo ocasionar chuvas à medida que se movem (Mendonça; Danni-Olveira, 2007). É importante destacar que uma massa de ar formada em superfície continental úmida, como a planície Amazônica, será úmida devido à forte relação entre a umidade da região, oriunda do porte da vegetação, e seu alto índice de evapotranspiração (Barry; Chorley, 2013).

Assim como a dimensão horizontal da massa de ar (sua extensão em quilômetros), é importante compreender suas dimensões verticais, que se relacionam à radiação recebida e à convecção, pois são fatores que interferem diretamente em sua formação e, por consequência, em sua nomenclatura. Por exemplo, as massas de ar radiativas são estáveis, pois sofrem perda radiativa de calor em sua base, alterando o gradiente térmico, enquanto que na massa de ar convectiva o aquecimento ocorre por condução da base, o que ocasiona a instabilidade dessa massa com o aumento do gradiente térmico (Mendonça; Danni-Oliveira, 2007).

Quadro 4.2 – Origem e característica básica das massas de ar

Origem	Abreviação	Característica
Ártico e Antártida	A	Glacial
Polar (50°-70° lat.)	P	Fria
Tropical e Equatorial	T e E	Quente
Marítima	M	Úmida
Continental	C	Seca
Radiativa	R	Estável
Convectiva	C	Instável

Fonte: Mendonça; Danni-Oliveira, 2007, p. 101.

Além dessas características, Mendonça e Danni-Oliveira (2007) apresentam as massas de ar com variação entre:

» **Quente e úmida ou quente e seca**: Ambas formadas na zona equatorial-tropical, porém a úmida sobre os oceanos ou a Amazônia e a seca sobre os continentes.

» **Fria e úmida ou fria e seca**: Ambas formadas nas zonas temperadas, porém a seca também pode se formar nas zonas polares; novamente serão úmidas se formadas nos oceanos, e secas, se formadas nos continentes.

No próximo capítulo essas características serão abordadas para estudarmos as dinâmicas das massas de ar na América do Sul.

Como citado anteriormente, o deslocamento das massas de ar interferem de diversas maneiras no clima em diferentes escalas, e é com base nisso que as dinâmicas dessas massas são estudadas, considerando o deslocamento dos ventos e seus efeitos. Por exemplo, o ar dos trópicos escoa em direção às zonas polares, enquanto o ar dos polos tende a se deslocar em direção aos trópicos e ao Equador, ocasionando as trocas de energia que auxiliam no equilíbrio da atmosfera, citado anteriormente no item 4.1.

4.4 Frentes

De acordo com o Inmet (2018), as *frentes* são faixas de nuvens que se formam pelo encontro de duas massas de ar diferentes, que podem variar entre frias e quentes e estão associadas à formação de chuvas. De forma mais específica, uma *frente* pode ser entendida como "uma zona ou superfície de descontinuidade (térmica, anemométrica, barométrica, higrométrica etc.) no interior da atmosfera [...]" (Mendonça; Danni-Oliveira, 2007, p. 102). Durante a gênese de uma frente (frontogênese), existe uma diferença na temperatura do ar: a diferença de densidade do ar faz com que o ar mais frio apresente subsidência e o mais quente, advecção (elevação) – é essa diferença que torna uma frente fria ou quente.

Figura 4.7 – Movimento do ar nas frentes quentes e frias

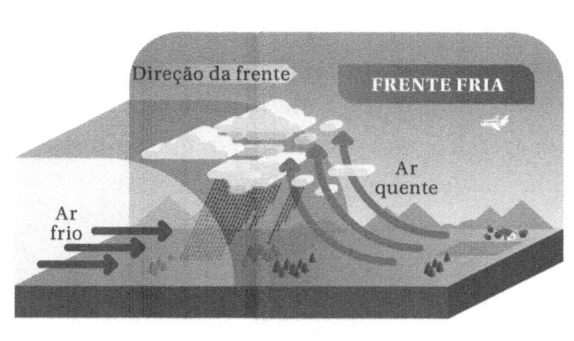

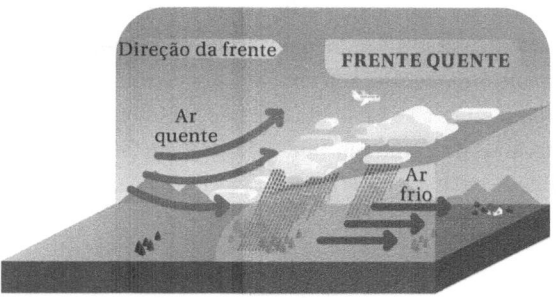

VectorMine/Shutterstock

A Figura 4.7 apresenta um esquema de frentes fria e quente. Durante a passagem de uma frente fria e o choque com massas de ar mais quentes, o ar quente, que é menos denso, é empurrado para cima e para frente (quando ocorrem rapidamente são responsáveis pela criação de nuvens de chuva intensas); no processo inverso, na frente quente, o ar mais aquecido, devido à diferença de densidade, tem mais dificuldade em empurrar o ar frio, ocorrendo a advecção deste e originando as nuvens altas (cirrus e stratus, por exemplo) (Barry; Chorley, 2013).

A representação de uma frente varia de acordo com sua temperatura: em cartas sinóticas elas, são representadas como um arco, que parte de um centro de alta pressão em direção ao centro de baixa pressão (Inpe, 2018). Os arcos ainda variam de acordo com a direção da frente: as frentes frias geralmente se deslocam das altas latitudes para as baixas e, assim, têm seu côncavo voltado para sul; o inverso ocorre com as frentes quentes (Inpe, 2018).

De acordo com o Inmet (2018) existem cinco tipos de frentes, são elas: frente fria, frente quente, frente estacionária ou semiestacionária, frente oclusa e frente polar, que se diferenciam de acordo com suas temperaturas e deslocamentos.

Quadro 4.3 – Legenda dos tipos de frentes em cartas sinóticas

Frente Fria
A borda dianteira de uma massa de ar frio que está avançando em direção a uma massa de ar quente, deslocando a mesma. Com a passagem de uma frente fria a temperatura e a umidade caem, a pressão aumenta e o vento muda de direção. A precipitação está, geralmente, atrás da frente fria, podendo também formar-se áreas de instabilidade na linha ou na dianteira da frente fria.

(continua)

(Quadro 4.3 - conclusão)

Frente Quente
A borda dianteira de uma massa de ar quente que está avançando sobre uma massa de ar frio. Com a passagem de uma frente quente, a temperatura e a umidade aumentam, a pressão aumenta e o vento muda de direção, porém não tanto como no caso da frente fria. A precipitação está, geralmente, na dianteira da frente quente, onde também formam-se nevoeiros.
Frente Oclusa
Também conhecida como oclusão, é uma frente complexa formada quando uma frente fria alcança uma frente quente. Ela se forma quando três massas de ar termicamente diferentes se encontram. As características dessa frente oclusa vão depender da maneira com que essas três massas de ar se encontram.
Frente Estacionária
Uma frente que está quase estacionária ou com muito pouco deslocamento. Também chama-se de frente quase estacionária

Fonte: Inpe, 2018.

Cavalcanti e Kousky (2009) explicam que as frentes frias são bastante comuns no Brasil e podem alcançar latitudes muito baixas nas proximidades ao Equador; isso ocorre também durante o verão, quando há interação com o ar úmido e quente dos trópicos, podendo gerar convecção e chuvas intensas.

De modo diferente, a frente quente ocorre quando uma das extremidades da massa de ar quente avança e substitui uma massa de ar com temperaturas mais baixas: isso faz com que a temperatura, a umidade e a pressão aumentem (durante a passagem de uma massa de ar frio, a temperatura e a umidade diminuem); além disso, os impactos de uma frente quente são menores e menos perceptíveis do que os da frente fria, razão por que são menos evidenciadas (Garcia, 1984).

A passagem de uma frente quente pode ocasionar algumas condições meteorológicas específicas, como a formação dos nevoeiros. Em períodos anteriores à passagem de uma frente quente, podem ocorrer baixas temperaturas e chuvas convectivas e intensas (Inpe, 2018). Mendonça e Danni-Oliveira (2007) destacam as duas formas de ocorrência de frentes quentes: frente quente de deslocamento lento e frente quente de deslocamento rápido. Isso ocorre devido à diferença nos tipos de nuvens que cada uma forma e, por consequência, nos tipos de chuvas: quando se trata de uma frente quente de deslocamento lento, o céu torna-se coberto de nuvens dos tipos cirros, cúmulos e estrato, enquanto na frente quente de deslocamento rápido, as nuvens formadas são do tipo nimbos, e por isso o céu é menos encoberto em comparação com a frente de deslocamento lento (Mendonça; Danni-Oliveira, 2007).

As **frentes estacionárias** ou *semiestacionárias* (Figura 4.8) são consideradas pelo Inmet (2018) as que, mediante análise sinótica, deslocaram-se muito pouco, ocorrendo quando a massa de ar frio e a massa de ar quente estão em equilíbrio.

Figura 4.8 – Demonstração de frente estacionária

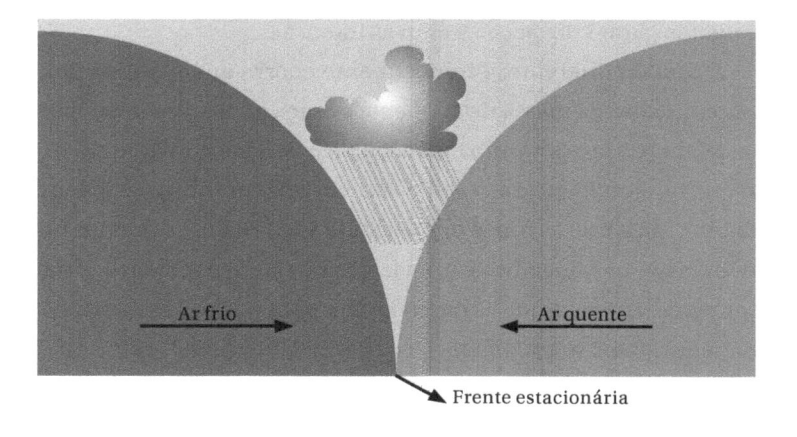

Segundo o Inmet (2018), a **frente oclusa**, também conhecida como *oclusão* (Figura 4.9), é um fenômeno originado do encontro entre uma frente quente e uma frente fria, que são potencializadas com a colisão de três massas de ar (quente, fria e intermediária) com temperaturas diferentes. De maneira mais específica, a oclusão ocorre quando um sistema frontal passa por uma região, ocasionando a perturbação atmosférica e expulsando o ar quente em altitude progressivamente. Dessa forma, a frente fria, que se desloca com mais velocidade, encontra-se com a frente de ar quente, originando uma frente oclusa, que, por sua vez, inicia o processo de frontólise (processo de dissipação dessa frente) (Mendonça; Danni-Oliveira, 2007).

Figura 4.9 – Demonstração de frente oclusa

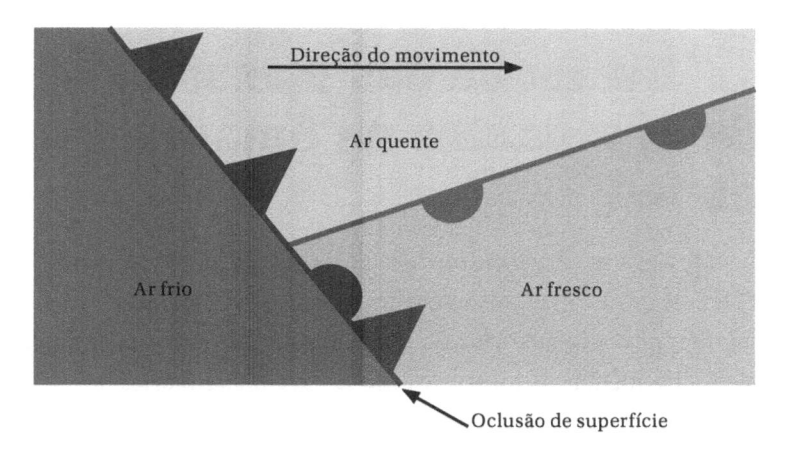

As **frentes polares**, por exemplo, segundo o Inmet (2018), possuem "fronteira quase sempre semicontínua, semipermanente que existe entre massas de ar polar e massas de ar tropical. Parte integrante de uma antiga teoria meteorológica conhecida como 'Teoria da Frente Polar'". Além disso, são bastante relevantes na definição dos tipos de tempo e também na configuração climática, principalmente da América do Sul (Mendonça; Danni-Oliveira, 2007). Elas são mais frequentes no inverno e na primavera do Hemisfério Sul. Esse tipo de frente é resultado da convergência das massas de ar tropical e polar que originam perturbações atmosféricas devido às grandes diferenças nas temperaturas e na umidade (Sartori, 2003).

As frentes fazem parte do cotidiano da população e são constantemente remetidas pelas mídias, falada e escrita, na caracterização do tempo atmosférico. Após os conceitos apresentados até o momento, passaremos a identificar as características das massas de ar que atuam no América do Sul, sua classificação e os impactos nas sociedades.

4.5 Dinâmica das massas de ar atuantes na América do Sul

Devido à grande extensão territorial, a América do Sul apresenta diferentes sistemas atmosféricos atuando pelo continente. As massas de ar no continente são originadas em outras zonas – um exemplo é a frequência da massa de ar polar ao sul da América do Sul durante o inverno (Mendonça; Danni-Olveira, 2007).

A América do Sul abrange as zonas polares, tropicais e equatoriais, o que explica os diferentes tipos de sistemas atmosféricos atuantes, como ilustra a figura a seguir.

Mapa 4.3 – Massas de ar atuantes na América do Sul

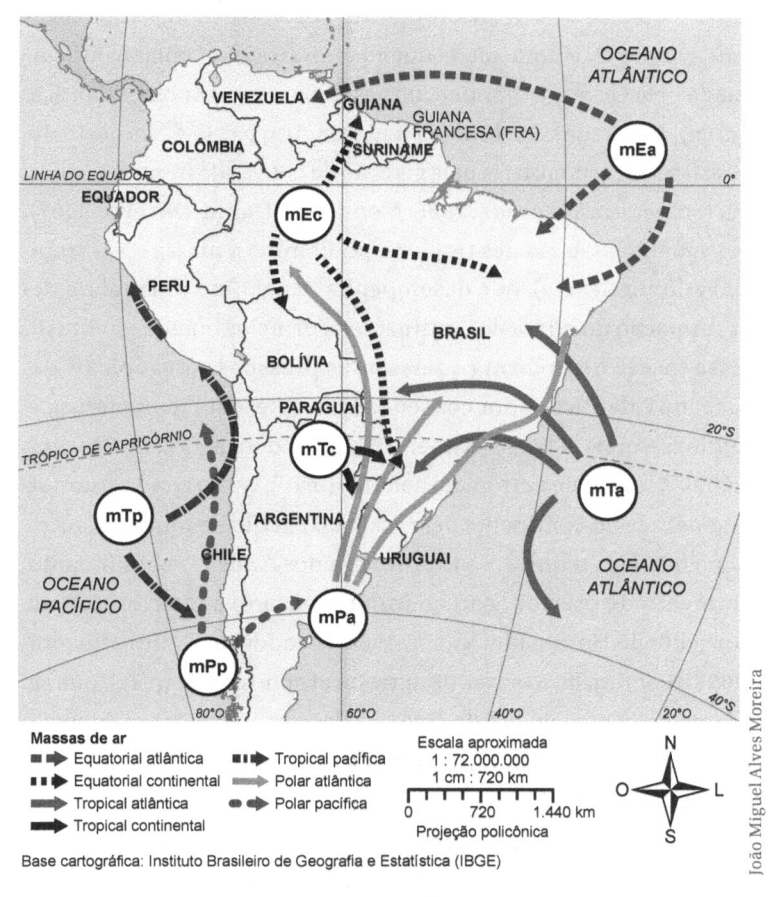

Massas de ar
- ▰▰▶ Equatorial atlântica
- ▰▰▶ Equatorial continental
- ▬▬▶ Tropical atlântica
- ▬▬▶ Tropical continental
- ▰▰▶ Tropical pacífica
- ▬▬▶ Polar atlântica
- ●●▶ Polar pacífica

Escala aproximada
1 : 72.000.000
1 cm : 720 km
0   720   1.440 km
Projeção policônica

Base cartográfica: Instituto Brasileiro de Geografia e Estatística (IBGE)

João Miguel Alves Moreira

Fonte: Monteiro, 1968, citado por Mendonça; Danni-Oliveira, 2007, p. 109.

Nas zonas polares predomina a atuação da massa de ar polar, principalmente próximo à Patagônia; esse sistema é responsável pela redução das temperaturas e pela umidade na área (Mendonça; Danni-Oliveira, 2007). A massa de ar polar se desloca e interage com as superfícies; ao se deslocar em direção ao Trópico de Capricórnio e atingir a Cordilheira dos Andes, torna-se massa de ar polar do Pacífico (mPp) (Mendonça; Danni-Oliveira, 2007). Essa nova massa de ar se relaciona com as correntes de água dos oceanos, como a de Humboldt. Já quando a massa de ar polar é influenciada pelo Oceano Atlântico, torna-se massa de ar polar atlântica (mPa). Essas massas de ar podem atingir o Norte e Nordeste do Brasil e são responsáveis pela geração de chuvas de frente e quedas na temperatura (Ayoade, 2006; Mendonça; Danni-Oliveira, 2007).

Quanto às áreas dos trópicos, predomina a massa de ar tropical atlântica (mTa), que desempenha papel fundamental na determinação do clima do continente e, principalmente, do Brasil. Essa massa de ar forma-se nas altas pressões subtropicais do Oceano Atlântico e, por consequência, apresenta temperatura e umidade mais elevada (Nimer, 1964; Mendonça; Danni-Oliveira, 2007). A massa de ar tropical pacífica (mTp), como citada anteriormente, age no continente pela costa do Pacífico, porém encontra uma barreira natural – a Cordilheira dos Andes –, ocasionando aumento de precipitação no próprio oceano e interferindo na corrente de Humboldt (Nimer, 1964; Mendonça; Danni-Oliveira, 2007). Por fim, há a massa de ar tropical continental (mTc), que se forma no centro do continente, na Depressão do Chaco, com características de temperatura quente e umidade seca (Mendonça; Danni-Oliveira, 2007).

As massas de ar que atuam na porção equatorial do continente sul-americano são a massa de ar equatorial continental (mEc), a massa de ar equatorial norte (mEan) e a massa de ar equatorial sul (mEas). A mEc apresenta característica quente e úmida, pois adquire o calor da radiação solar da zona Equatorial, bem como a umidade que as zonas de convergência canalizam, além de se diferenciar pela alta umidade, já que massas de ar continentais tendem a apresentar baixa umidade (Mendonça; Danni-Oliveira,

2007). A bacia Amazônica é responsável pela criação de grandes volumes de umidade; as massas mEan e mEas se destacam por serem formadas nos anticiclones no Oceano Atlântico e, dessa forma, apresentam alta umidade e têm sua rota influenciada pelas diferenças de pressão entre o continente e o oceano (Mendonça; Danni-Oliveira, 2007).

A interpretação dos tipos climáticos do planeta remete à compreensão da atmosfera de forma geral. No entanto, ressaltamos que a atmosfera é dinâmica e o movimento do ar é uma constante, sempre buscando o equilíbrio.

O fato é que as características locais são determinantes na intensidade de cada centro de ação. Para suprir essas demandas, os pesquisadores têm estudado a atuação das massas de ar em cada localidade de seu interesse. Por exemplo, Soares (2015), mediante análise da dinâmica atmosférica no Nordeste do Brasil, aponta a predominância da mEc devido à proximidade do Equador, além de tratar-se de uma área próxima aos ventos alísios, interferindo na pluviosidade e na umidade local. No entanto, sabe-se que partes da Região Nordeste, como o determinado Polígono das Secas, apresentam características específicas, pois não recebem toda a umidade gerada por essa massa.

Logo, podemos dizer que a atmosfera se comporta como um corpo vivo em constante movimentação. Entender esses processos remete à análise das leis gerais e, posteriormente, dos detalhes locais para a compreensão dos efeitos da dinâmica atmosférica nas sociedades.

Síntese

Tratamos neste capítulo sobre a dinâmica da atmosfera. Primeiramente, evidenciamos o movimento do ar nas células de circulação em direção norte-sul e leste-oeste, demonstrando a particularidade desses movimentos e o papel deles na climatologia.

Na sequência, vimos no que consistem os centros de ação, positivos e negativos, caracterizados pelos anticiclones e ciclones – assunto que foi importante para embasar as discussões posteriores sobre massas de ar e frentes.

Por fim, identificamos as massas de ar que atuam na América do Sul com o objetivo de ressaltar as diversidades dos tipos climáticos que atuam no continente.

Indicações culturais

Sites

INMET – Instituto Nacional de Meteorologia. Disponível em: <http://www.inmet.gov.br/portal/>. Acesso em: 29 maio 2018.

O Inmet apresenta imagens de satélite em tempo real do Brasil, que podem ser vistas no site *do Instituto.*

NASA – National Aeronautics and Space Administration. **Image Galleries**. Disponível em: <https://www.nasa.gov/multimedia/imagegallery/index.html>. Acesso em: 29 maio 2018.

O site *da Nasa (National Aeronautics and Space Administration) também apresenta uma série de imagens registradas pelos satélites em órbita da Terra e identifica centros de ação, como os ciclones e anticiclones.*

Atividades de autoavaliação

1. Tratamos sobre a circulação geral do sistema e a composição das células de circulação do ar. Sobre esse assunto, analise as assertivas a seguir.

    I. As células de circulação atmosférica foram descobertas pelos pesquisadores que as batizaram; elas ocorrem em sentido norte-sul e leste-oeste influenciando o tempo por todo o planeta.

    II. A célula de Walker ocorre nas médias latitudes e, por meio da circulação do ar, faz conexão com as células polar e de Hadley, com a convergência de ar frio nas altas altitudes.

    III. As células de circulação de sentido norte-sul são a de Hadley, de Ferrel e Polar; já a célula de Walker é aquela que ocorre no Oceano Pacífico, com sentido leste-oeste.

    Agora, assinale a alternativa correta:
    a) Apenas as assertivas I e II são verdadeiras.
    b) Apenas as assertivas II e III são verdadeiras.
    c) Apenas as assertivas I e III são verdadeiras.
    d) Apenas a assertiva I é verdadeira.

2. Sobre as células de circulação e o comportamento atmosférico nas latitudes, leia as afirmativas a seguir e marque V para as verdadeiras e F para as falsas.

    ( ) Na linha do Equador, onde se encontra o 0° de latitude, ocorre a convergência de ar mais próximo da superfície e a divergência nas altas altitudes; o ar que converge é responsável pela geração de grandes volumes de umidade.

    ( ) As células de circulação polar ocorrem entre as latitudes de 30° e 60° em ambos os hemisférios; além disso, são responsáveis pela convergência do ar nas altas altitudes oriundos da célula de Hadley.

( ) As células de Hadley ocorrem no 0° de latitude e são responsáveis pela divergência do ar próximo à superfície, pela convergência nas altas altitudes e, consequentemente, por distribuir massas de ar úmidas para as regiões de atuação das células polares.

( ) A circulação do ar no sentido norte-sul é representada pela interação de diferentes células de circulação do ar; por exemplo, o ar que atinge as regiões polares converge nas altas latitudes e diverge na superfície; ao divergir, o ar voltará a convergir com outro ar resultante das células de Ferrel.

( ) Ocorre a convergência do ar próximo à superfície da Terra nos 0° e 60° de latitude em ambos os hemisférios; a divergência, em contrapartida, ocorre na superfície nos 30° e 90° de latitude.

Agora, marque a alternativa que apresenta a sequência correta:
a) V, F, V, V, F.
b) V, V, F, V, V.
c) F, F, F, V, V.
d) V, F, F, V, V.

3. Analise as assertivas a seguir sobre as massas de ar.
   I. Existem vários conceitos de massas de ar; um deles indica que são porções de ar com características homogêneas e que podem se estender por centenas de quilômetros.
   II. As massas de ar são formadas, geralmente, nos oceanos, mares e planícies continentais, pois necessitam de três condições básicas para sua formação: superfície plana e extensa, baixa altitude e características superficiais homogêneas.

III. As massas de ar apresentam características definidas por seus ambientes de formação; quando se formam nos oceanos e mares são úmidas; quando se formam nos continentes, são sempre secas.

Agora, assinale a alternativa correta:
a) Apenas as assertivas I e II são verdadeiras.
b) Apenas as assertivas II e III são verdadeiras.
c) Apenas as assertivas I e III são verdadeiras.
d) Apenas a assertiva I é verdadeira.

4. Sobre as frentes, leia as afirmações a seguir e assinale V para as verdadeiras e F para as falsas.

( ) Durante a passagem de uma frente fria, o ar frio que se choca com o ar quente encontra dificuldade para se espalhar; esse fato é resultante da diferença de densidade do ar.

( ) As frentes quentes são responsáveis pela formação de nuvens altas, como as cirrus e as estratus, pois o ar quente encontra dificuldade ao empurrar o ar frio mais denso e, assim, sofre advecção.

( ) A frente quente é responsável pela formação das nuvens tempestuosas, devido ao rápido processo de advecção ocasionado pelo choque com massas de ar mais frias.

( ) O ar quente é menos denso e o ar frio é mais denso; sendo assim, na passagem de uma frente fria, o ar quente é empurrado para frente e para cima, podendo gerar chuvas intensas.

Agora marque a alternativa que apresenta a sequência correta:
a) F, F, F, V.
b) V, V, F, V.
c) F, V, F, V.
d) V, V, F, F.

5. Tratamos sobre a dinâmica das massas de ar na América do Sul e suas classificações. Baseado nisso, avalie as assertivas a seguir.
    I. As massas mEc e mTc são massas de em planícies ou depressões dentro do continente americano, sendo assim, apresentam temperatura elevada e baixa umidade.
    II. São várias massas de ar que atuam na América do Sul. A mEc e mTc são exemplos de massas consideradas quentes, diferentemente das massas mPa e mPp, que foram originadas nos polos.
    III. Existe um padrão de temperatura e umidade na formação das massas de ar; as continentais são secas, com exceção das mEc, que se formam na planície Amazônica e são úmidas.

    Agora, marque a alternativa correta:
    a) Apenas as assertivas I e II são verdadeiras.
    b) Apenas as assertivas II e III são verdadeiras.
    c) Apenas as assertivas I e III são verdadeiras.
    d) Apenas a assertiva I é verdadeira.

Atividades de aprendizagem

Questões para reflexão

1. Durante o inverno no Brasil, o país recebe incursões de frentes frias e passagem de massas de ar polares. Tendo em vista esse assunto, explique como se formam as frentes frias e a dinâmica que ocorre com o ar na superfície.

2. Explique e diferencie os dois tipos de massas de ar polares que atingem a América do Sul.

Atividade aplicada: prática

1. Pesquise dois eventos climáticos que ocorreram em sua cidade; em seguida, explique a gênese de sua formação indicando as massas de ar e os centros de ação envolvidos no processo.

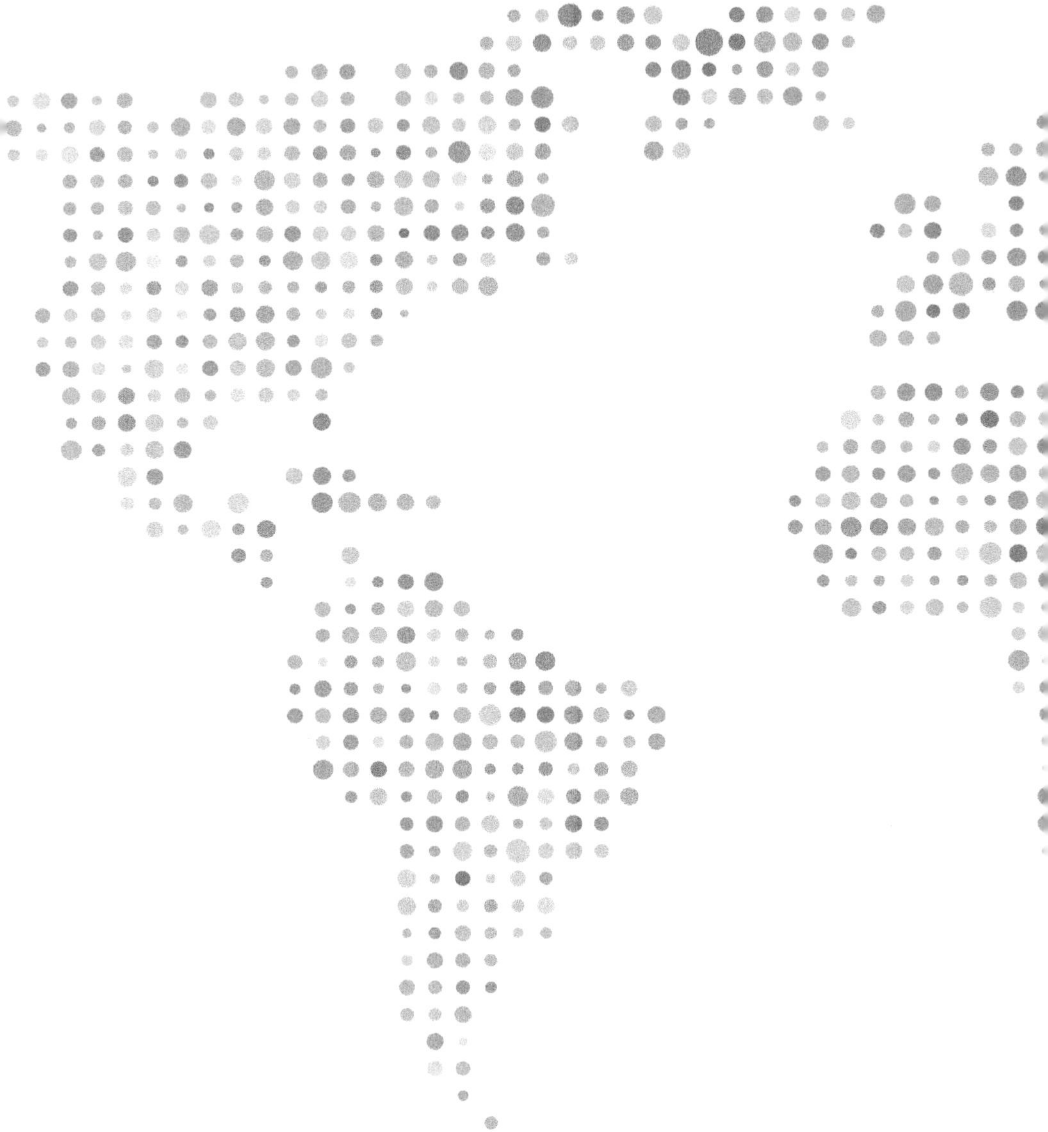

5
Dinâmicas do clima em escalas regional e global e classificações climáticas

Thiago Kich Fogaça

Como visto no capítulo anterior, a dinâmica da atmosfera e a sua circulação geral interferem no clima por meio de sistemas frontais, centros de ação e massas de ar. Além disso, existem outros fatores físicos da paisagem que se relacionam com o clima, demonstrando a complexidade das interações existentes.

Quando evidenciamos processos em escala global, corremos o risco de perder a qualidade das informações, devido, sobretudo, às generalizações. Esse fato se torna mais evidente quando observamos processos que ocorrem em escala regional, mas que ainda afetam o clima em escala global.

Com base nesses fatos, passaremos a identificar processos que ocorrem, sobretudo, nas áreas tropicais, como zonas de convergência, El Niño-Oscilação Sul e La Niña. Além disso, os climas tropicais são mais visualizados pelos geógrafos, devido ao fato de 50% da superfície da Terra estar nos limites dos trópicos, justificando a ênfase nessas áreas (Barry; Chorley, 2013).

Por fim, ao passo que já apresentamos os conceitos básicos em climatologia, poderemos visualizar as principais classificações elaboradas pelos pesquisadores para caracterizar os climas do planeta.

5.1 Zonas de convergência

As zonas de convergência são sistemas meteorológicos que interferem principalmente na precipitação, pois são áreas onde se encontram correntes de ar com elevada umidade, principalmente por localizar-se sobre os oceanos. As zonas de convergência variam de acordo com as zonas climáticas e também conforme seus efeitos nas áreas de atuação. De acordo com Abreu (1998), as zonas de convergência tropicais do Hemisfério Sul são organizações da convecção do ar que se manifestam por uma banda de nebulosidade convectiva; além disso, normalmente ocorrem no sentido noroeste-sudeste, com atuação predominante entre as estações do outono, inverno e primavera. As zonas de convergência subtropicais também se relacionam com as monções tropicais através da umidade (Mendonça; Danni-Oliveira, 2007).

As zonas de convergência recebem o nome conforme sua área de atuação. Sendo assim, passaremos a verificar alguns aspectos das que exercem influência no Hemisfério Sul.

A **zona de convergência intertropical** (ZCIT) está localizada próxima à célula de Hadley e transfere calor e umidade dos níveis baixos da atmosfera até os maiores níveis e, por isso, tem como consequência as chuvas intensas nos trópicos (Mendonça; Danni-Oliveira, 2007; Barry; Chorley, 2013).

Figura 5.1 – Nebulosidade presente com a ZCIT

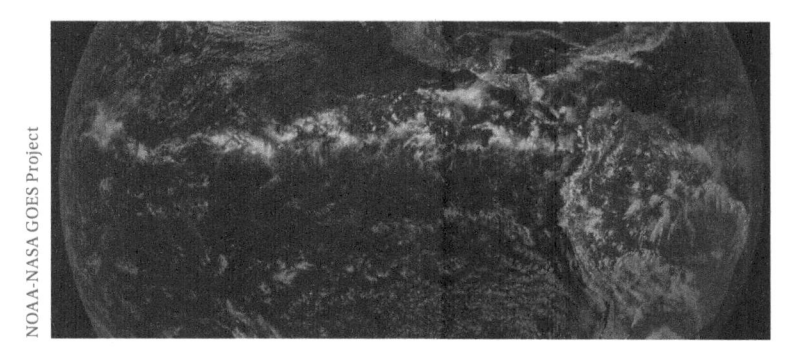

NOAA-NASA GOES Project

A nomenclatura *ZCIT* foi apresentada entre os anos de 1940-1950, após o do reconhecimento das ações dos ventos alísios na dinâmica climática dos trópicos (Barry; Chorley, 2013). Observando a imagem de satélite, é possível evidenciar um ramo de umidade acompanhando a Linha do Equador.

A ZCIT, assim como as células de circulação do ar, migra durante o ano: as células polar, de Hadley e de Ferrel se movimentam influenciadas pela incidência da radiação solar, porém, a ZCIT migra em função do aumento ou da diminuição da intensidade dos ventos alísios de nordeste e sudeste e, com isso, influencia diretamente o regime de chuvas na Região Nordeste do Brasil (Melo; Cavalcanti; Souza, 2009). A figura a seguir apresenta um esquema de movimentação da ZCIT durante o ano.

Figura 5.2 – Migração sazonal da ZCIT no Hemisfério Norte

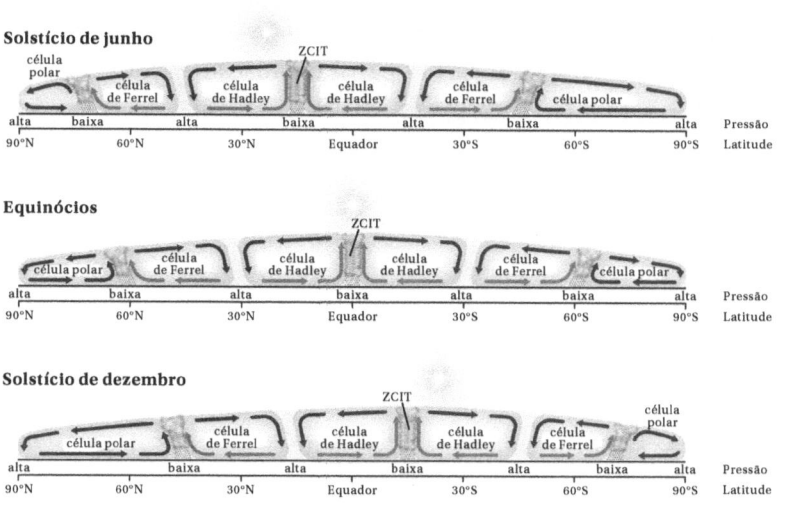

Analisando a Figura 5.2, podemos observar os seguintes aspectos: no mês de junho, no qual o Hemisfério Norte encontra-se na estação do verão, a maior incidência de raios solares faz com que ocorra um deslocamento da área de atuação da ZCIT para o

norte; no mês de dezembro, o processo é exatamente ao contrário. Além disso, as células de circulação polares também acompanham essa dinâmica; no verão do Hemisfério Norte, elas são reduzidas nessa região, mas aumentam a área de atuação no Hemisfério Sul, ocorrendo o processo inverso com a mudança das estações do ano. Por fim, nos equinócios, período no qual a radiação solar encontra-se equilibrada na Zona Equatorial, a ZCIT acompanha a linha do Equador.

Há também a **zona de convergência do Pacífico Sul** (ZCPS), associada ao Pacífico Oeste. A ZCPS atualmente é reconhecida devido a sua importância na descontinuidade da umidade no Pacífico Oeste: "Ao nível do mar, ventos úmidos de nordeste, a oeste do anticiclone subtropical do Pacífico Sul, convergem com ventos de sudeste à frente de sistemas de alta pressão que avançam no sentido leste a partir da Austrália/Nova Zelândia" (Barry; Chorley, 2013, p. 226).

Mapa 5.1 - ZCIT e ZCPS: ênfase no Oceano Pacífico

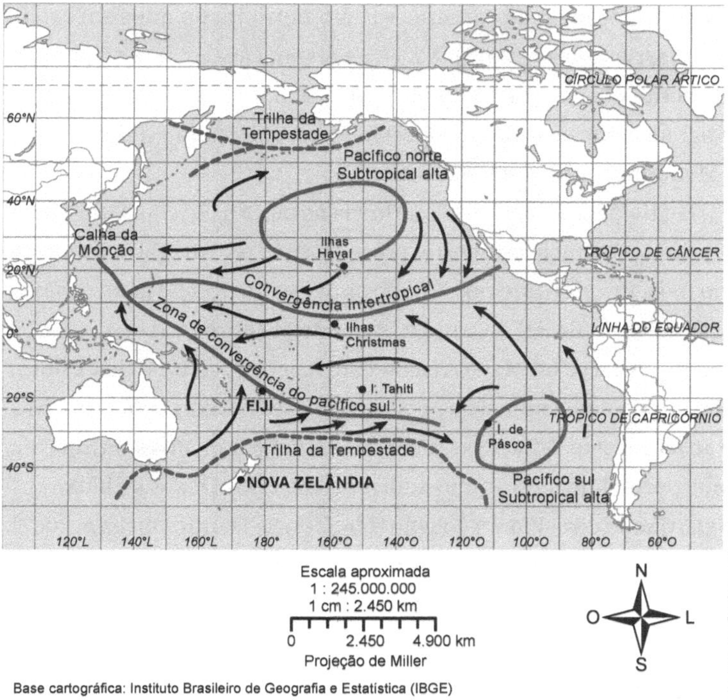

Fonte: Nasa, 2018a.

Observando o mapa, podemos ver que os ramos da ZCPS se encontram com a umidade da ZCIT. A existência das duas é diretamente proporcional: em períodos que a ZCIT se encontra fortalecida – durante o verão setentrional, por exemplo –, a ZCPS se enfraquece; porém, no verão meridional é a ZCIT que se enfraquece, ao passo que a ZCPS se torna mais forte na região (Barry; Chorley, 2013).

Na África, temos a zona de convergência do Índico Sul (ZCIS) responsável pela convecção de noroeste a sudeste. Por fim, a zona de convergência do Atlântico Sul (ZCAS) é associada à América do

Sul, com padrão de convecção de noroeste a sudeste, e foi identificada por meio de câmeras e radiômetros acoplados em satélites (Barry; Chorley, 2013). A ZCAS é responsável pela precipitação de verão observada na região centro-sul do Brasil, atingindo as Regiões Sudeste e Centro-Oeste, norte do Paraná e sul da Bahia (Mendonça; Danni-Oliveira, 2007).

A atividade de convecção se inicia no oeste da bacia hidrográfica Amazônica (início de agosto) prosseguindo em direção ao sudeste do país, interferindo no período chuvoso na porção centro-oeste e sudeste do Brasil durante o início de outubro (Carvalho; Jones, 2009). Observe no Mapa A (na seção "Anexos", ao final desta obra) a nebulosidade em noroeste-sudeste sobre a Amazônia e em direção ao sudeste. A ZCAS se mantém por meio dos jatos subtropicais, que permeiam as latitudes subtropicais, e dos fluxos de baixos níveis, que se direcionam ao polo (Mendonça; Danni-Oliveira, 2007).

Por mais que essas zonas de convergência pareçam regular o regime de precipitação em partes do planeta, elas são essenciais para entendermos os processos atmosféricos na escala global. Agora, passaremos a visualizar mais duas dinâmicas atmosféricas identificadas no século passado e que também são responsáveis por condicionar a dinâmica climática.

5.2 El Niño-Oscilação Sul (Enos) e La Niña

Além dos padrões de circulação do ar apresentados anteriormente, outros processos são responsáveis por alterar a dinâmica climática de forma sazonal, afetando regiões específicas da Terra, sendo o El Niño e a La Niña os mais conhecidos pelos brasileiros. Segundo Barry e Chorley (2013, p. 371),

> a Oscilação Sul é uma variação irregular, uma "gangorra" atmosférica ou onda estacionária de massa e pressão atmosféricas, envolvendo trocas de ar entre a célula subtropical de alta pressão sobre o Pacífico Sul oriental e uma região de baixa pressão centrada no Pacífico ocidental e na Indonésia.

Essa oscilação representa alterações no sistema atmosfera-oceano diretamente nas águas superficiais do Oceano Pacífico, além de variações na atmosfera, como a diminuição dos ventos alísios no Equador, alterando a circulação geral da atmosfera em altos e baixos níveis e, como consequência, ocasionando mudanças nos padrões pluviométricos (Mendonça; Danni-Oliveira, 2007; Barry; Chorley, 2013).

A dinâmica da Oscilação Sul está atrelada à célula de circulação de Walker (vista no capítulo anterior): quando a circulação de Walker se intensifica, é considerada a fase positiva, que pode variar em períodos de La Niña ou de não atuação da Oscilação Sul; já as fases negativas são aquelas de atuação do Enos ou El Niño (Barry; Chorley, 2013).

De acordo com o Instituto Nacional de Pesquisas Espaciais – Inpe (2018), o fenômeno La Niña potencializa os ventos alísios, ocasionando a concentração de águas quentes no Pacífico Equatorial Oeste, aumentando o desnível entre o Pacífico Ocidental e o Oriental. Ao mesmo tempo, as águas mais quentes aumentam a evaporação e, consequentemente, os movimentos ascendentes aumentam as chuvas, intensificando os efeitos da célula de Walker (Inpe, 2018).

Figura 5.3 – Célula de Walker: normal e em períodos de La Niña

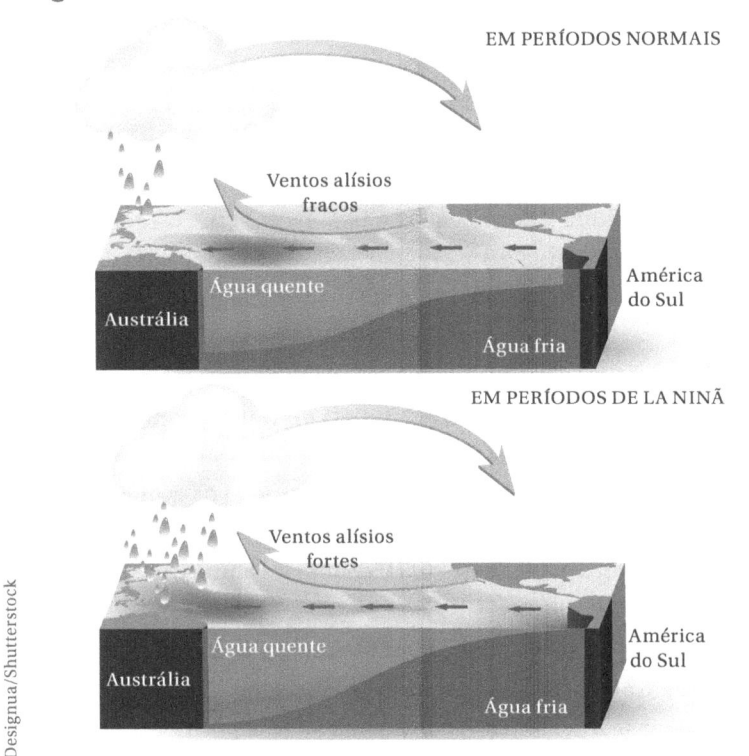

EM PERÍODOS NORMAIS

Ventos alísios fracos

Água quente
Austrália
Água fria
América do Sul

EM PERÍODOS DE LA NINÃ

Ventos alísios fortes

Água quente
Austrália
Água fria
América do Sul

Designua/Shutterstock

Na costa leste, devido à intensificação dos ventos alísios, ocorre a ressurgência – momento em que uma corrente de água fria predomina em sentido norte e, com ela, a abundância de peixes e plânctons fortalece a economia pesqueira na costa oeste da América do Sul (Berlato; Fontana, 2003; Barry; Chorley, 2013).

Ainda nos períodos de La Niña, a circulação da célula de Hadley pode se tornar enfraquecida (como ocorrido entre 1998-1999), limitando os bloqueios da atmosfera; dessa forma, as frentes frias podem passar muito rapidamente sobre a Região Sul do Brasil ou até mesmo serem desviadas para o oceano, diminuindo os índices pluviométricos (Cunha et al., 2011). Veremos mais a frente, no Quadro 5.1, a comparação entre os anos de ocorrência de El Niño e de La Niña.

O El Niño ou Enos ocorre na região do Oceano Pacífico Equatorial e caracteriza-se pela variação de pressão na célula de Walker (observada pela comparação de séries históricas da pressão ao nível do mar): em episódios de El Niño, torna-se positiva no Oceano Pacífico Oeste e negativa no Oceano Pacífico Central (Tedeschi, 2008).

Figura 5.4 – Célula de Walker: normal e em períodos de El Niño

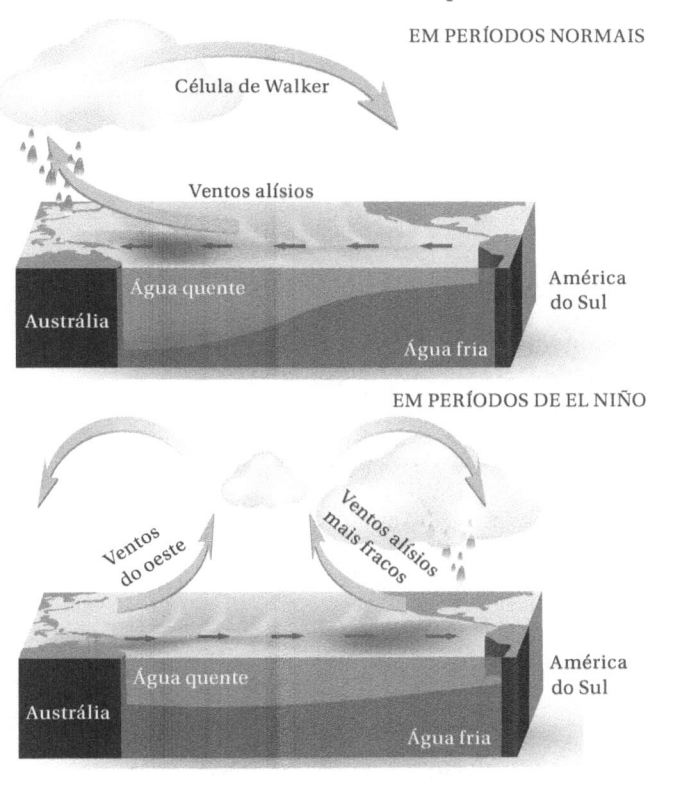

EM PERÍODOS NORMAIS

EM PERÍODOS DE EL NIÑO

Designua/Shutterstock

Com o El Niño ocorre a substituição das águas geladas da costa oeste da América do Sul por águas superficiais quentes. Essas águas aumentam a evapotranspiração, fazendo com que a célula de Walker se divida em dois ramos opostos a partir do Oceano Pacífico Central (Figura 5.4). Com a perda de atuação das correntes frias, a economia pesqueira também é abalada. Na América do Sul ocorre a intensificação das chuvas devido ao deslocamento da umidade excedente do Pacífico.

Esses eventos apresentam variação temporal, com um padrão de ocorrência entre três e sete anos para o El Niño e dois e sete anos para a La Niña (Mendonça; Danni-Oliveira, 2007; Barry; Chorley, 2013).

Quadro 5.1 – Ocorrência de La Niña e El Niño

Ocorrência de El Niño	
1877 - 1878	1888 - 1889
1896 - 1897	1899
1902 - 1903	1905 - 1906
1911 - 1912	1913 - 1914
1918 - 1919	1923
1925 - 1926	1932
1939 - 1941	1946 - 1947
1951	1953
1957 - 1959	1963
1965 - 1966	1968 - 1970
1972 - 1973	1976 - 1977
1977 - 1978	1979 - 1980
1982 - 1983	1986 - 1988
1990 - 1993	1994 - 1995
1997 - 1998	2002 - 2003
2004 - 2005	2006 - 2007
2009 - 2010	-
LEGENDA: Forte	Moderado	Fraco

(continua)

(Quadro 5.1 - conclusão)

Ocorrência de La Niña	
1886	1903 - 1904
1906 - 1908	1909 - 1910
1916 - 1918	1924 - 1925
1928 - 1929	1938 - 1939
1949 - 1951	1954 - 1956
1964 - 1965	1970 - 1971
1973 - 1976	1983 - 1984
1984 - 1985	1988 - 1989
1995 - 1996	1998 - 2001
2007 - 2008	-
LEGENDA: Forte	Moderado Fraco

Fonte: CPTEC, 2018.

Observe que tanto a presença quanto a intensidade dos fenômenos são variáveis. Além disso, por meio das últimas pesquisas sobre o assunto, é possível estabelecer comparação entre eles em três principais efeitos: 1) na temperatura da superfície do mar, que diminui na La Niña e aumenta no El Niño; 2) nos ventos alísios, com níveis altos na La Niña e níveis baixos no El Niño; e 3) na precipitação, que diminui na La Niña e aumenta no El Niño (CPTEC, 2018).

De acordo com Mendonça e Danni-Oliveira (2007), existem 4 possíveis teses para a origem dos fenômenos, divididas entre a oceanografia, a meteorologia, a astronomia e a geologia. A oceanografia aponta que a origem do El Niño é resultado do acúmulo de águas quentes no oeste do Oceano Pacífico, alterando os ventos de leste e aumentando o nível do mar em alguns centímetros; a alteração dos ventos causa o bloqueio das águas frias que viriam do sul. A tese dos geólogos relaciona o El Niño com atividades vulcânicas, considerando alguns dos eventos deste que coincidiram com erupções de vulcões na América do Sul e na Oceania, cujas cinzas vulcânicas, ao entrarem na troposfera, alteram a absorção da radiação solar, alterando também a circulação da atmosfera. A meteorologia, por sua vez, não entende a causa do El Niño como interna ao oceano, mas sim pela propagação de alterações de pressão nos trópicos, o que diminui as temperaturas na Ásia Central, transformando as monções e interagindo com os ventos alísios. Por fim, os astrônomos relacionam os fenômenos de oscilação aos ciclos solares de 11 anos (Mendonça; Danni-Oliveira, 2007).

Nos últimos anos, os pesquisadores têm se dedicado a estudar esses eventos devido aos impactos socioambientais e econômicos por eles gerados, que variam conforme a área da ciência de interesse. Sendo assim, é possível encontrar uma gama de resultados sobre seus efeitos no Brasil.

5.3 Classificações climáticas

Agora que já visualizamos boa parte dos sistemas atmosféricos que atuam na configuração dos tipos de tempo, podemos evidenciar as classificações utilizadas para definir características gerais de cada região do planeta. Com a compartimentação mais generalizada, surgiram as classificações, nas quais os pesquisadores aplicaram valores médios para os elementos climáticos e também levaram em consideração os fatores do clima de cada região. Atualmente existem mais de 200 classificações climáticas, entre as quais duas se destacam: a de Köppen-Geiger e a de Thornthwaite (Mendonça; Danni-Oliveira, 2007).

5.3.1 Classificação de Köppen-Geiger

A classificação de Köppen-Geiger é reconhecida como pioneira por levar em consideração a temperatura, a precipitação e a distribuição da vegetação na caracterização climática (Mendonça; Danni-Oliveira, 2007). Essa classificação utiliza valores médios, desconsiderando a gênese do processo climático e construindo um zoneamento de cinco classes (A, B, C, D, E) para classificar a temperatura e a vegetação, seis subclasses (S, W, f, w, s, m) que correspondem às chuvas e quatro (a, b, c, d) que se relacionam com atribuições adicionais da temperatura, como verão quente, moderadamente quente, inverno frio ou inverno muito frio (Köppen, 1948). Essas classificações poderão ser observadas nos Quadros 5.3, 5.4 e 5.5.

Quadro 5.3 – Categorias climáticas por temperaturas

A	Climas tropicais chuvosos
B	Climas secos
C	Climas temperados chuvosos e relativamente quentes
D	Climas frios com neve – floresta
E	Climas polares

Fonte: Mendonça; Danni-Oliveira, 2007, p. 120.

Quadro 5.4 – Categorias climáticas quanto a sazonalidade da precipitação

S	Estação seca de verão
W	Estação seca de inverno
m	Monção com breve estação seca, chuvas intensas nos demais meses do ano
f	Nenhuma estação seca, úmido o ano todo (A, C e D)
w	Chuvas de verão (A, C e D)

Fonte: Mendonça; Danni-Oliveira, 2007, p. 121.

Quadro 5.5 – Características adicionais de temperatura

a	Verão quente, com temperaturas superior a 22 °C
b	Verão relativamente quente, com temperaturas média inferior a 22 °C
c	O mês mais frio fica entre 18 °C e 3 °C
d	Inverno frio, com temperatura média inferior a –38 °C
h	Quente, com temperatura média anual superior a 18 °C
k	Relativamente frio, com temperatura anual média inferior a 18 °C

Fonte: Mendonça; Danni-Oliveira, 2007, p. 121.

A combinação das variáveis consideradas na presente classificação resulta no total de 24 classes, sendo quatro delas referentes aos climas tropicais chuvosos (A), quatro classes de climas secos (B), sete tipos de climas temperados chuvosos e moderadamente quentes (C), oito climas frios com neve-floresta (D) e 2 climas polares (E) (Köppen, 1948).

Quadro 5.6 – Classes climáticas e suas localizações por Köppen (1948)

A	Climas tropicais chuvosos	Localizações
Aw	Clima de savana	Predominantemente entre o Trópico de Capricórnio e o Equador
Am	Clima tropical de monção	Áreas de transição entre Af e AW

(continua)

B	Climas secos	Localizações
Bsh	Clima quente de estepe	Áreas de transição entre Am, Af ou Bwh
Bsk	Clima frio de estepe	Centro da América do Norte e acima do Trópico de Câncer
BWh	Clima quente de deserto	Norte do continente africano e porção da Oceania
BWk	Clima frio de deserto	Deserto do Atacama, Patagônia e desertos asiáticos
C	Climas temperados chuvosos e relativamente quentes	Localizações
Cfa	Úmido em todas as estações e possui verões quentes	Leste chinês, sul do Brasil e porção sudeste dos Estados Unidos
Cfb	Úmido em todas as estações e possui verões relativamente quentes	Nova Zelândia e sul da América do Sul
Cfc	Úmido em todas as estações, verão relativamente frio e curto	Abaixo do Trópico de Capricórnio e da Europa Ocidental
Cwa	Chuva de verão, verão quente	Próximo ao Trópico de Capricórnio, principalmente América do Sul e África
Cwb	Chuva de inverno, verão quente	Áreas de transição entre Am e Cfa
Csa	Chuva de inverno, verão quente	Áreas de transição entre Bwh e Bsk, próximo ao Trópico de Câncer
Csb	Chuva de inverno, verão relativamente quente	Áreas de transição entre Csb e Bwk

(continua)

(Quadro 5.6 – conclusão)

D	Climas frios com neve-floresta	Localizações
Dfa	Úmido em todas as estações, verões quentes	Próximo ao Trópico de Câncer
Dfb	Úmido em todas as estações, verões frios	Próximo ao Círculo Polar Ártico
Dfc	Úmido em todas as estações, verões relativamente frios e curtos	Círculo Polar Ártico
Dfd	Úmido em todas as estações, inverno rigoroso	Nordeste da Rússia
Dwa	Chuva de verão, verão quente	Sudeste da Rússia
Dwb	Chuva de verão, verão relativamente quente	Próximo ao Trópico de Câncer
Dwc	Chuva de verão, verão relativamente frio	Área de transição entre Bsk e Dfc
Dwd	Chuva de verão, inverno rigoroso	Nordeste da Rússia
E	Climas polares	Localizações
ET	Tundra	Ártico
EF	Neve e gelo permanente	Antártida e Groelândia

Fonte: Elaborado com base em Mendonça; Danni-Oliveira, 2007; Nasa, 2018b.

Ao grupo A pertencem as localidades que têm o mês mais frio com temperatura média maior que 18 °C e a evapotranspiração anual é menor do que a precipitação no ano (Mendonça; Danni-Oliveira, 2007).

No grupo B, a evapotranspiração média é mais alta do que a precipitação, determinando assim a hidrografia dessas localidades, que não possuem rios perenes. O grupo C possui o mês mais frio com temperaturas médias bastante baixas, entre –3 °C e 18 °C, e tem a sua isoterma de 10 °C traçada em direção ao polo e a de –3 °C em direção ao Equador (Mendonça; Danni-Oliveira, 2007).

Os climas de tipo D apresentam temperaturas médias menores que –3 °C e mês mais quente com temperaturas médias que ultrapassam os 10 °C; por fim, o tipo de clima E tem o mês quente com temperatura média menor que 10 °C – exemplos dessas regiões são a Tundra, com temperaturas de 0 °C a 10 °C em seu mês quente, e o Clima Polar de Neve e Gelo, com temperaturas médias menor que 0 °C (Mendonça; Danni-Oliveira, 2007).

Todas as combinações de grupos e subgrupos originam os 24 climas classificados por Köppen (1948) e que foram distribuídos no globo de acordo com o Mapa B e com o *zoom* para a América do Sul, no Mapa C, ambos incluídos na seção "Anexos", ao final dessa obra.

Pela classificação de Köppen, é possível compreender a diversas relações dos fatores do clima com componentes da paisagem, como a geomorfologia e a vegetação. É importante destacar que as classificações climáticas apresentam alguns problemas metodológicos, como a generalização de áreas de transição e a utilização do estado médio dos tempos, desconsiderando eventos extremos e, dessa forma, caracterizando o clima de maneira estática (Ayoade, 2006; Mendonça; Danni-Oliveira, 2007). Os domínios morfoclimáticos brasileiros elaborados pelo prof. Ab'Sáber (1924-2012), por exemplo, entendem que existem faixas de transição da vegetação e são ocasionadas pela transição climática.

5.3.2 Classificação de Thornthwaite

A classificação elaborada por Charles Warren Thornthwaite em 1948 teve importante influência no trabalho de Köppen, porém diferenciou-se pelo método, por não utilizar valores absolutos de umidade e temperatura, mas sim índices climáticos, como índice de umidade e evapotranspiração potencial (Mendonça; Danni-Oliveira, 2007). A aplicação dos índices de Thornthwaite resultaram em 120 tipos de climas, sendo 32 espacializados no globo (Mendonça; Danni-Oliveira, 2007).

Thornthwaite, assim como Köppen, também utilizou letras para classificar os tipos de clima, porém associadas a números. A umidade é caracterizada por superúmido (A), úmido (B), subúmido (C), semiárido (D) e árido (E), enquanto os aspectos térmicos variam de megatérmico (A'), mesotérmico (B'), microtérmico (C'), tundra (D') e geada (E') (Mendonça; Danni-Oliveira, 2007).

Os valores atribuídos a cada classe foram obtidos por meio do entendimento sobre a adequação sazonal da umidade, dada pelo índice de aridez, que considera o déficit de água, a evapotranspiração potencial e a água excedente (Amorim-Neto, 1989). Sendo assim, o grupo superúmido é o que apresenta umidade acima de 100%; os úmidos B1, B2, B3 e B4 apresentam índices de umidade de 20% a 40%, 40% a 60%, 60% a 80% e 80% a 100%, respectivamente; os subúmidos podem ser chuvosos ou secos e variam de 0% a 20% e −33,3% a 0%; os valores de −66,7% a −33,3% correspondem ao semiárido; e −100% a −66,7% referem-se ao tipo árido (Mendonça; Danni-Oliveira, 2007).

5.4 Considerações

Como mencionamos, a atmosfera está sempre buscando equilíbrio. Sendo assim, depois de evidenciar aspectos da circulação geral da atmosfera, passamos a visualizar movimentos do ar muito importantes no regime regional/local. As zonas de convergência exercem papel fundamental no regime de chuvas no Brasil; além disso, devido à extensão de terras do país, são vários os mecanismos que se fazem presentes no decorrer do ano.

O El Niño e a La Niña são responsáveis por grandes alterações na variabilidade climática. Em anos de El Niño, são registrados muitos casos de inundação na Região Sul do Brasil, enquanto que na presença da La Niña as secas castigam os brasileiros. Dessa forma, a compreensão dos fenômenos climáticos serve tanto ao planejamento socioambiental quanto à adaptação para enfrentar as adversidades.

Síntese

Para iniciar o capítulo, tratamos sobre as zonas de convergência, identificando os locais onde atuam no Hemisfério Sul, com ênfase nas que ocorrem na América do Sul.

Na sequência, verificamos as oscilações que ocorrem no Oceano Pacífico, sendo caracterizadas como El Niño e La Niña, importantes eventos climáticos regionais, mas que geram impactos mundiais.

Por fim, evidenciamos as duas principais classificações do clima mundial para, na sequência, dar subsídio à caracterização do clima do Brasil.

Indicações culturais

Sites

CPTEC – Centro de Previsão de Tempo e Estudos Climáticos. **Animação interativa**. Disponível em: <http://enos.cptec.inpe.br/animacao/pt>. Acesso em: 30 maio 2018.

NATIONAL GEOGRAPHIC. **El Niño**. Disponível em: <http://video.nationalgeographic.com/video/news/101-videos/el-nino>. Acesso em: 30 maio 2018.

Nesses dois links você pode encontrar vídeos e animações sobre El Niño e La Niña.

Atividades de autoavaliação

1. Sobre as zonas de convergência, assinale a alternativa correta:
   a) A ZCIT é a zona de convergência que corresponde à umidade presente na Amazônia que se desloca ao sul da América do Sul.
   b) A ZCAS é a zona de convergência que ocorre próxima à Linha do Equador influenciada pelos ventos alísios.
   c) A ZCPS é a zona de convergência que corresponde à umidade presente na Amazônia que se desloca ao sul da América do Sul.
   d) A ZCPS não atinge diretamente o território brasileiro, ao contrário da ZCIT e da ZCAS, que são importantes no regime de chuvas do país.

2. Ainda sobre as zonas de convergência, analise as assertivas a seguir:
   I. As zonas de convergência são responsáveis pela movimentação de ar úmido; a ZCIT e a ZCAS atuam diretamente sobre o Brasil e a ZCPS ocorre no Oceano Pacífico.
   II. A ZCIT migra em função do aumento ou da diminuição da intensidade dos ventos alísios de nordeste e sudeste, influenciando diretamente o regime de chuvas na Região Nordeste do Brasil.

III. A ZCAS é responsável pela precipitação de verão observada no centro-sul do Brasil, atingindo as Regiões Sudeste e Centro-Oeste, norte do Paraná e sul da Bahia.

Agora, marque a alternativa correta:
a) Apenas as assertivas I e II são verdadeiras.
b) Apenas as assertivas II e III são verdadeiras.
c) Apenas as assertivas I e III são verdadeiras.
d) Todas as assertivas são verdadeiras.

3. A Oscilação Sul foi um dos conteúdos estudados para se compreender a dinâmica da atmosfera. Sobre esse assunto, leia as alternativas a seguir e assinale a correta:
   a) *Oscilação* é o nome utilizado pela variação da circulação da célula de Hadley que influencia o regime de chuvas no Brasil.
   b) A oscilação sul se refere ao movimento do ar sentido norte-sul, envolvendo as células de Hadley, Ferrel e Polar, impedindo as chuvas no Brasil.
   c) A oscilação sul ocorre no sentido leste-oeste nas águas do Pacífico Sul, alterando a dinâmica da circulação de Walker.
   d) A ZCIT é uma oscilação que ocorre no Oceano Pacífico, sendo responsável pela intensificação dos ventos alísios.

4. O El Niño e a La Niña são eventos importantes e de influência no Brasil. Sobre eles, avalie as assertivas a seguir.
   I. A La Niña potencializa os ventos alísios, ocasionando a concentração de águas quentes no Pacífico Equatorial Oeste, aumentando o desnível entre o Pacífico Ocidental e Oriental.
   II. Durante o El Niño ocorre a intensificação dos ventos alísios, tornando a circulação de Walker mais forte e aumentando a precipitação a oeste do Oceano Pacífico.

III. Ainda nos períodos de La Niña, a circulação da célula de Hadley pode se tornar enfraquecida (como ocorrido entre 1998-1999), limitando os bloqueios da atmosfera.

Agora, marque a alternativa correta:
a) Apenas as assertivas I e II são verdadeiras.
b) Apenas as assertivas II e III são verdadeiras.
c) Apenas as assertivas I e III são verdadeiras.
d) Apenas a assertiva I é verdadeira.

5. Estudamos neste capítulo sobre as classificações climáticas e como são utilizadas para diferenciar os locais. Sobre esse assunto, analise as assertivas a seguir.
   I. A classificação de Thornthwaite tem importante influência no trabalho de Köppen, porém diferenciou-se pelo método, por ter utilizado valores absolutos de umidade e temperatura.
   II. A classificação de Köppen-Geiger é reconhecida como pioneira por levar em consideração a temperatura, a precipitação e a distribuição dos relevos na caracterização climática.
   III. A classificação de Köppen-Geiger é reconhecida como pioneira por levar em consideração a temperatura, a precipitação e a distribuição da vegetação na caracterização climática.

Agora, marque a alternativa correta:
a) Apenas as assertivas I e II são verdadeiras.
b) Apenas as assertivas II e III são verdadeiras.
c) Apenas as assertivas I e III são verdadeiras.
d) Apenas a assertiva III é verdadeira.

Atividades de aprendizagem

Questões para reflexão

1. Tendo em vista as discussões sobre as zonas de convergência, explique como funciona a ZCAS.

2. O El Niño é responsável pelo aumento ou pela diminuição da precipitação no Brasil? Justifique sua resposta.

Atividade aplicada: prática

1. Faça uma pesquisa nos últimos jornais e revistas *on-line* de sua cidade (ou região) para identificar reportagens que apresentam o tema El Niño ou La Niña associados aos problemas ambientais, como enchentes ou fortes estiagens. De posse desses registros e utilizando o *site* do Inmet a seguir, pesquise o comportamento das temperaturas e da precipitação daqueles eventos para representar os cenários climáticos.

   INMET – Instituto Nacional de Meteorologia. Disponível em: <http://www.inmet.gov.br/portal/>. Acesso em: 30 maio 2018.

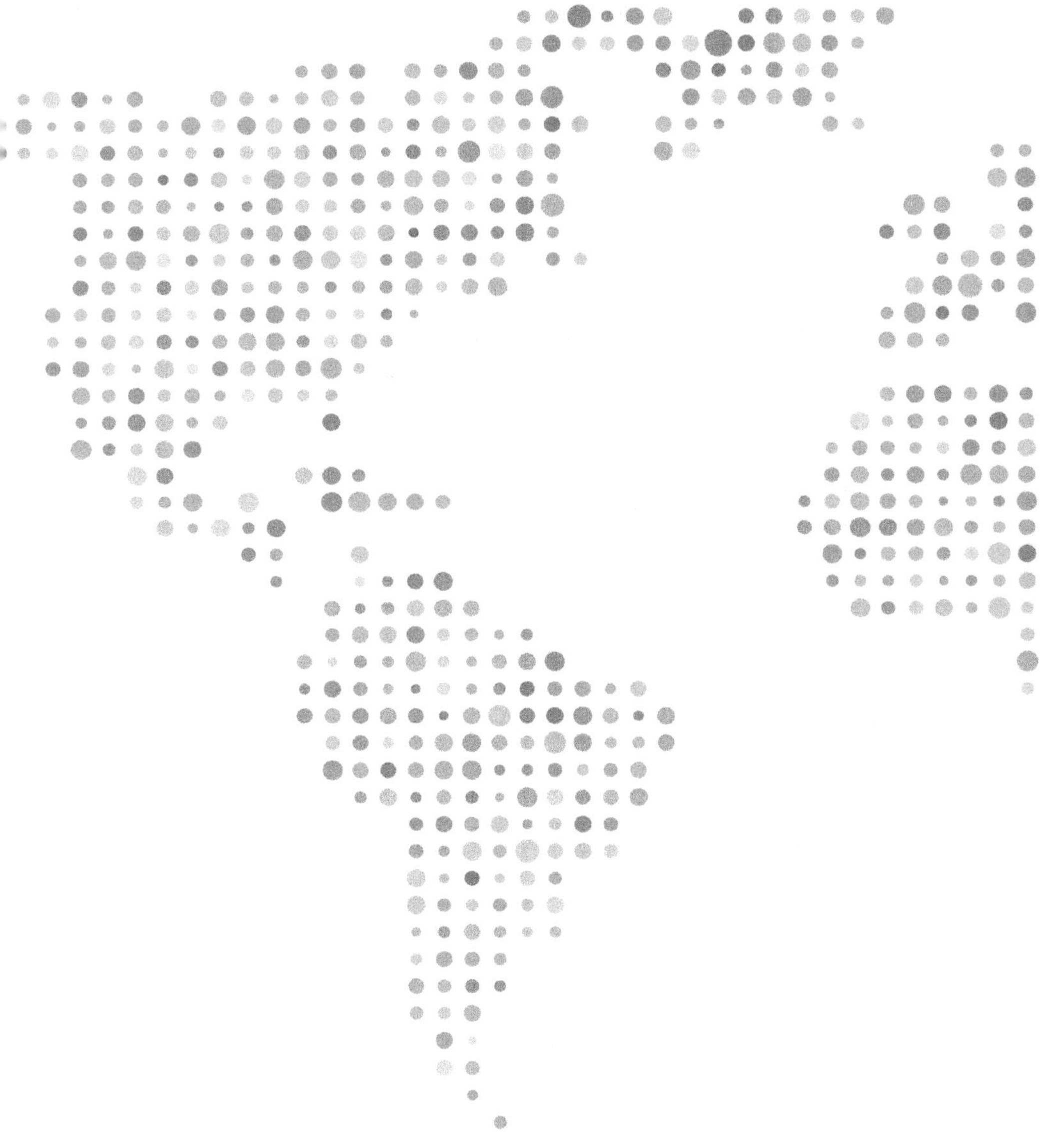

6
Os climas do Brasil

Adriano Ávila Goulart

O Brasil é um país de dimensão continental, com uma expressiva distribuição latitudinal. O país abriga condições ambientais diversas que geram diversos tipos de climas: áreas com maior drenagem e áreas com drenagem reduzida; áreas planas e áreas com acentuado diferencial de amplitudes do relevo; áreas em latitudes baixas e áreas em latitudes médias a altas; áreas que sofrem influência de centros de baixa e de alta pressão; áreas cobertas por floresta tropical e áreas recobertas por savanas; áreas próximas ao litoral úmido e áreas interioranas secas; enfim, inúmeras particularidades que fazem com que nosso país apresente uma diversidade climática grande.

Nesse capítulo, abordaremos os climas do Brasil com seus principais centros de ação, suas características de precipitação e de temperatura e suas particularidades (relevo, sazonalidade etc.), além da sua classificação climática. Para tal caracterização, a nível nacional, optamos por trabalhar com a classificação de Köppen, já vista no Capítulo 5, seguindo a divisão clássica, por regiões administrativas, do Instituto Brasileiro de Geografia e Estatística (IBGE).

6.1 O clima do Norte

A Região Norte apresenta uma particularidade que não pode ser desprezada em estudos provenientes das ciências naturais: a presença de uma floresta pluvial tropical (quente e úmida) que se estende longitudinalmente por um longo trecho na porção norte do continente – a floresta Amazônica. Tal formação florestal, considerada a maior floresta pluvial tropical do mundo, ocupa quase a metade de todo o território nacional e ainda se expande para alguns países vizinhos, como Venezuela, Colômbia, Equador, Bolívia, Guiana, Suriname e Guiana Francesa, até a vertente oriental da cordilheira dos Andes.

Conjuntamente com a floresta amazônica, a zona de convergência intertropical (ZCIT) é de extrema importância para a compreensão dos centros de ação climática que atuam na região. Durante o inverno, a massa equatorial continental (mEc), quente e úmida, atua de forma mais branda na região, pois a ação da ZCIT está localizada mais ao norte do Equador, no Hemisfério Norte.

Já durante o solstício de verão no Hemisfério Sul, o eixo de inclinação da Terra faz com que haja um decréscimo geral na pressão atmosférica, gerado pelo forte aquecimento do interior do continente, quando a ZCIT está mais deslocada para o Hemisfério Sul (Nimer, 1989). Principalmente no período que se estende da primavera até meados do outono, tem-se uma atuação mais intensa dos ventos alísios, transportando a umidade do Oceano Atlântico para o continente (Nimer, 1989). Devido à extensão longitudinal da floresta em baixa latitude, a Amazônia funciona como uma fonte de umidade para a atmosfera, mantendo o vapor d'água em suspensão na atmosfera por meio da evapotranspiração, agindo de forma a reabastecer os alísios com a umidade proveniente da floresta.

A umidade trazida pela ZCIT mantém-se significativa até a cordilheira dos Andes, onde essa barreira orográfica impede a passagem de boa parte do vapor d'água, fazendo com que outros sistemas de menor magnitude atuem, transportando a umidade para o Planalto central brasileiro.

As precipitações trazidas por essas linhas de instabilidades tropicais geralmente formam chuvas torrenciais, com trovoadas e por vezes granizos, e ventos moderados a fortes, com rajadas que atingem 60 a 90 quilômetros por hora (km/h) (Nimer, 1989). Segundo Nimer (1989), as chuvas causadas pelas linhas de instabilidades tropicais duram poucos minutos, não mais de uma hora de duração, com o céu quase ou completamente encoberto por cúmulos-nimbos.

Para compreendermos as elevadas médias da temperatura da Região Norte, não devemos nos ater apenas à baixa latitude, mas também à geomorfologia da bacia amazônica (Ab'Sáber, 2003). Limitada ao norte pelo Escudo das Guianas e ao sul pelo escudo brasileiro, o planalto central, a bacia amazônica constitui uma área de relevo suave, com relativa planura, situado em elevações não muito acima do nível do mar (Ab'Sáber, 2003). Tal quadro de baixas amplitudes do relevo, somado às baixas latitudes, leva-nos à compreensão do porquê a região apresenta médias térmicas tão elevadas, entre 24 e 26 °C em grande parte dela (Nimer, 1989).

O período considerado frio do ano – inverno com temperaturas acima de 22 °C – é durante o inverno no Hemisfério Sul: junho, julho e agosto (Zavattini, 2004). Temperaturas médias anuais inferiores a 24 °C são notadas em pontos específicos no norte do país, como no sudoeste da Região Norte, onde ocasionalmente a massa polar atlântica (mPa) consegue atuar, mesmo que com pouca intensidade, e em pontos mais altos do relevo, como na Chapada dos Parecis, em Rondônia (Nimer, 1989). Na porção amazônica em que a mPa consegue atingir, podem ser sentidos os efeitos da friagem: uma forte umidade específica e relativa, com chuvas frontais e consequente queda na temperatura. A média de friagens no sudeste amazônico é de 2,4% eventos ao ano, podendo chegar até 5 friagens (Nimer, 1989) em anos de temperaturas mais amenas.

Nos meses de setembro e outubro, entre o médio Amazonas e o sudeste do Pará, foram registradas temperaturas máximas acima de 40 °C, constituindo a região mais quente de todo o norte brasileiro (Zavattini, 2004).

Nota-se, portanto, que as amplitudes térmicas mensais são homogêneas, não tendendo a grandes variações anuais, o que faz com que sejam percebidas duas estações do ano: uma mais quente e outra de temperaturas mais amenas, sempre com altos índices pluviométricos, porém com concentração de precipitações durante o verão. Já a amplitude térmica diária é mais suscetível a variações, mas, assim como as mensais, se mantém relativamente homogêneas (Ab'Sáber, 2003). Essa uniformidade das médias térmicas da região pode ser explicada pela presença de solos bastante intemperizados e profundos, somados a uma vegetação densa a uma igualmente densa rede hidrográfica, e cobertos pela nebulosidade da ZCIT durante grande parte do ano (Ab'Sáber, 2003).

Ao contrário da temperatura, que se mantém homogênea espacial e sazonalmente, a pluviosidade varia durante o ano e se concentra em determinados pontos. A Região Norte apresenta as maiores médias de precipitação do país, com maiores totais pluviométricos anuais.

As áreas que concentram os maiores índices pluviométricos estão localizadas no litoral do Amapá, na foz do rio Amazonas e na porção oeste da Região Norte, com índices pluviométricos que superam os 3.000 mm.aa. (Nimer, 1989). Já as áreas com os menores índices pluviométricos podem ser identificadas por uma faixa que se estende do noroeste de Roraima até o leste paraense, passando pelo médio amazonas, com totais que variam de 1.500 a 1.700 mm.aa. (Nimer, 1989) (Mapa 6.1).

Mapa 6.1 – Precipitação da Região Norte

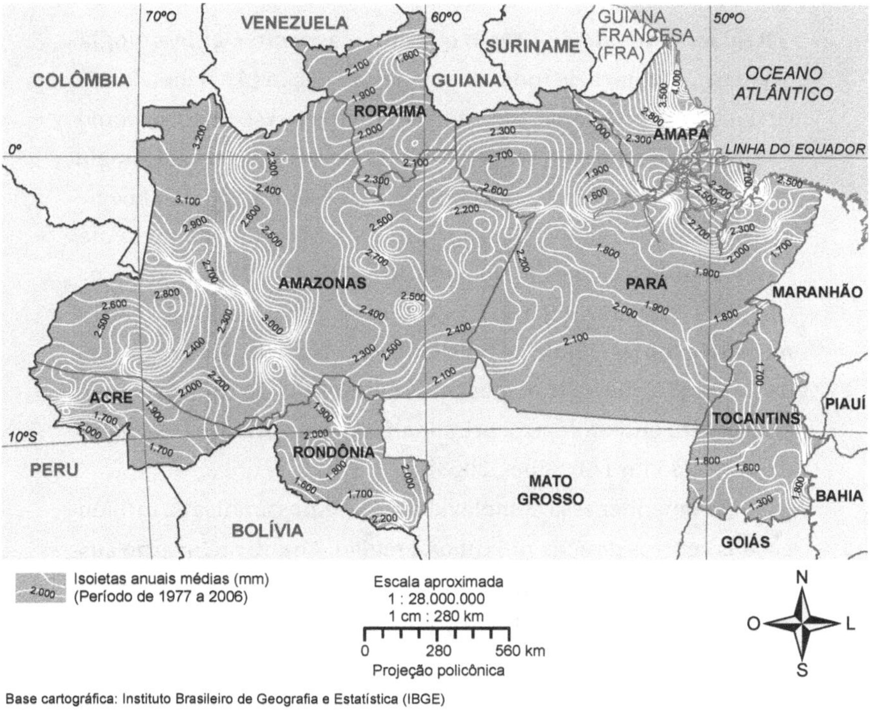
70ºO
60ºO
50ºO
0º
10ºS
VENEZUELA
COLÔMBIA
SURINAME
GUIANA FRANCESA (FRA)
GUIANA
OCEANO ATLÂNTICO
RORAIMA
AMAPÁ
LINHA DO EQUADOR
AMAZONAS
PARÁ
MARANHÃO
ACRE
TOCANTINS
PIAUÍ
PERU
RONDÔNIA
MATO GROSSO
BAHIA
BOLÍVIA
GOIÁS
Isoietas anuais médias (mm)
(Período de 1977 a 2006)
Escala aproximada
1 : 28.000.000
1 cm : 280 km
0
280
560 km
Projeção policônica
N
O
L
S
Base cartográfica: Instituto Brasileiro de Geografia e Estatística (IBGE)

João Miguel Alves Moreira

Fonte: Nimer, 1989, p. 378.

Portanto, a análise da precipitação da Região Norte revela um máximo pluviométrico durante o verão e um mínimo durante o inverno, porém é interessante notar que o Equador divide a região quase ao meio, o que faz com que metade da região esteja no Hemisfério Norte e a outra metade no Hemisfério Sul. Assim, deve-se atentar para a nomenclatura utilizada, a fim de chamar a atenção para o hemisfério a que se refere – verão ou inverno amazônico: verão e inverno austral.

6.2 O clima do Nordeste

A Região Nordeste do Brasil, quando o assunto é climatologia, é a mais complexa de todas as regiões da nação (Ab'Sáber, 2003). Diversos são os fatores que contribuem para esse quadro, como sua grande extensão territorial (1.541.000 km²), a geomorfologia (formados por distintas formações, desde a planície litorânea e vales baixos até superfícies que atingem cotas de 800 m no planalto da Borborema e na Chapada do Araripe e 1.200 m s.n.m.[i] na Chapada Diamantina) e a atuação dos sistemas de circulação atmosférica sobre o Nordeste brasileiro. Tais particularidades fazem da Região Nordeste uma das mais complexas do mundo para a abordagem climatológica, principalmente em relação à variação da pluviosidade (Ab'Sáber, 2003).

Para entender essa complexidade, devemos analisar a influência dos centros de ação próximos à região. Ao sul, no inverno austral, tem-se a atuação de invasões esporádicas de frentes frias, oriundas da mPa, mais intensas, que acabam atingindo o sul da Região Nordeste (Nimer, 1989). Quando a mPa consegue adentrar a região, ultrapassando os 15° de latitude sul, ela é responsável por causar chuvas frontais na porção litorânea da região, além de no sul da Bahia, podendo influenciar precipitações até no litoral pernambucano (Nimer, 1989). A região conhecida como *sertão* fica sob ação de uma célula de alta pressão durante o inverno austral, o que causa um longo período de estiagem.

Os centros de ação de norte devem ser analisados conjuntamente com os deslocamentos da ZCIT. A massa equatorial atlântica (mEa) é formada nas baixas pressões da ZCIT e, portanto, constituída de altas temperaturas e de grande umidade. Durante

---

i. s.n.m. - sobre o nível do mar.

o inverno, o deslocamento da ZCIT para o Hemisfério Norte faz com que a região receba menos umidade se comparada ao verão, influenciando precipitações apenas no litoral norte da região (Nimer, 1989), área onde a mEa consegue atuar. Já no verão, principalmente no final dessa estação (março e abril), quando a ZCIT está em sua posição mais ao sul, a interferência da mEa na região pode chegar a provocar precipitações até os 10° sul, nas proximidades do Raso da Catarina, no vale do São Francisco (Nimer, 1989).

De uma maneira geral, as regiões tropicais do país recebem frequentemente os ventos de leste, que provêm das células de altas pressões localizadas sobre o Trópico de Capricórnio, sobre o Oceano Atlântico. Esse sistema, que por ser semifixo pôde ser denominado *zona de convergência do Atlântico Sul* (ZCAS), durante o verão austral é constituído de altas temperaturas do ar e carrega parte da umidade do oceano para o interior do continente, formando a massa tropical atlântica (mTa).

Na Região Nordeste, a influência da mTa é muito pontual, em virtude da distância do centro de ação que a gera e, principalmente, pela ação da orografia local. Sendo assim, as chuvas ocasionadas pela mTa se restringem ao litoral, raramente conseguindo transpassar pelas escarpas a barlavento do planalto da Borborema e da Chapada Diamantina (Nimer, 1989). A esse fator geográfico do clima alguns autores atribuíam o grande período de estiagem por que a região passa durante o inverno; porém, como já elencamos na introdução desse subtópico, não se pode atribuir a seca da região a apenas um fator (Ab'Sáber, 2003), mas sim a uma combinação de diversos fatores e agentes do clima em uma grande complexidade. Se há um responsável pela seca na região, deve-se atribuir esse papel à célula de alta pressão que dissipa os ventos, conjuntamente com outros sistemas de atuação em menor escala que tornam a região a mais seca do país (Nimer, 1989).

Em relação à temperatura, é notável a elevação das médias anuais de temperatura se comparada a Região Nordeste com as demais (até mesmo com a Região Norte). As médias anuais do nordeste brasileiro variam entre 26 e 28 °C, salvo a planície litorânea, que é menos quente, com médias que variam de 26 a 24 °C (Zavattini, 2004). O fator topográfico também age na atenuação das médias térmicas da região, como nas superfícies sedimentares (Chapada do Araripe) e cristalinas (planalto da Borborema e Chapada Diamantina), essas duas últimas consideradas os pontos de temperaturas mais baixas da região (Nimer, 1989).

Devido às baixas latitudes, 80% do território da região está dentro dos 13° de latitude sul e a amplitude térmica não é um fator significante, com uma variação anual de 5 a 2 °C (Zavattini, 2004). Esse quadro pode ser confirmado ao analisarmos a temperatura média do mês mais frio, o mês de julho, constatando que as médias mensais continuam altas: 26 a 20 °C no litoral e acima de 24 °C no interior (Nimer, 1989). Nas superfícies mais elevadas, onde ocorrem disjunções de "brejos" e de cerrados mais densos que a caatinga (Ab'Sáber, 2003), as temperaturas podem atingir valores mais baixos no inverno: 18 °C em Garanhuns, no planalto da Borborema, e 16 °C no Morro do Chapéu, na Chapada Diamantina (Nimer, 1989).

Ao contrário da temperatura, que é homogênea em quase toda a região, exceto nos pontos mais altos do relevo, a pluviosidade varia consideravelmente no espaço e na época do ano em todo o Nordeste brasileiro (Nimer, 1989; Kayano; Andreoli, 2009). O quadro natural, formado pelos elementos constituintes da paisagem, não deve ser compreendido apenas sob o ponto de vista da climatologia, mas também considerando todos os desdobramentos econômicos e sociais que essas condições físicas acarretam (Ab'Sáber, 2003).

O oeste da região, na transição para a "zona de cocais" (Ab'Sáber, 2006), e a planície litorânea apresentam as maiores colunas d'água que podem ser observadas, com valores de 1.500 milímetros no oeste atingindo até 2.000 mm no litoral (Nimer, 1989). Ao contrário dessas regiões, o sertão tem menos de 1.000 mm de pluviosidade acumulada ao ano, sendo que em metade de todo o sertão os índices são inferiores a 750 mm, com um núcleo de baixa precipitação no Raso da Catarina, entre os Estados da Bahia e de Pernambuco e na Depressão de Patos no Pará, onde as precipitações acumuladas durante o ano não chegam a atingir 500 mm (Nimer, 1989). No Mapa 6.2, podemos observar tal distribuição: um núcleo seco, o sertão, e precipitação crescente à medida que se afasta do centro da região.

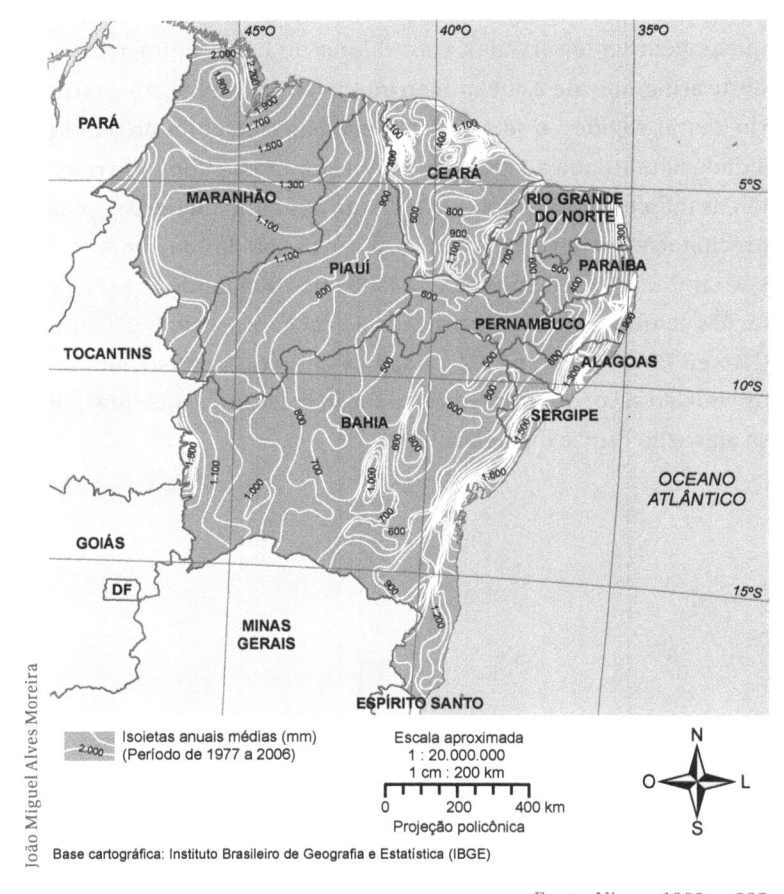

Mapa 6.2 – Precipitação na Região Nordeste

Isoietas anuais médias (mm)
(Período de 1977 a 2006)

Escala aproximada
1 : 20.000.000
1 cm : 200 km
0   200   400 km
Projeção policônica

Base cartográfica: Instituto Brasileiro de Geografia e Estatística (IBGE)

Fonte: Nimer, 1989, p. 335.

Assume-se, portanto, que a região não só apresenta baixos índices pluviométricos, mas também uma forte sazonalidade no regime de precipitação. O predomínio durante o ano é de uma estação quente e seca, que se prolonga por mais de seis meses em toda a região (Nimer, 1989); porém, no outono e no inverno austral, há uma relativa concentração das chuvas, variando de localidade para localidade (Ab'Sáber, 2003): abril-maio-junho, do Rio Grande do Norte a Pernambuco; maio-junho-julho, de Pernambuco a Sergipe; abril-maio-junho, no Recôncavo Baiano; março-abril-maio, do Recôncavo para o Sul.

Fique atento!

A atual situação socioeconômica do Nordeste está vinculada ao grande período de estiagem por que a região passa anualmente?

O Nordeste apresenta uma vasta complexidade, que não se restringe a análises de cunho físico-climáticos, mas sociais e econômicas também. Desde o Brasil Colônia, nas sesmarias, tem-se graves problemas sociais gerados por uma estrutura fundiária concentradora, com relações de trabalho herdadas do nordeste açucareiro, que adentram e influenciam até os dias de hoje no contexto nacional (Prado Júnior, 1996). O contexto histórico de desenvolvimento econômico e social da região não pode ser renegado na análise de âmbito geográfico. Não cabe mais a alcunha de atribuir ao clima esse quadro de parco desenvolvimento econômico da região.

Há muito essa situação é, oportunistamente, utilizada por veículos de comunicação de massa, por partidos políticos, por organizações não governamentais (ONGs) e outros tipos de veículos e organizações que se utilizam desse quadro para interesses escusos.

Para Ab'Sáber (2003), a paisagem é sempre uma herança de processos fisiográficos e biológicos. Portanto, deve-se considerar que na área, considerada a região semiárida mais populosa do mundo, vivem milhões de brasileiros, e que tais populações sabem conviver de maneira harmônica com a paisagem. Da mesma forma, a vegetação, com ciclos fenológicos adaptados ao regime pluvial, está condicionada à seca.

O geógrafo, particularmente nesse caso, tem relevância significativa, pois é o profissional capaz de fazer a fusão dos processos fisiográficos com os biológicos e analisá-los sob uma perspectiva histórica/cultural, tendo a função de quebrar esses preceitos já enraizados no senso comum.

6.3 O clima do Centro-Oeste

A Região Centro-Oeste do país se estende latitudinalmente entre os paralelos de 5° a 22° sul, sobre rochas muito antigas que formam o planalto central brasileiro. No planalto central, tem-se a presença de formas geomorfológicas muito características dessa porção do país, como chapadas, mesas e mesetas (que atingem cotas de 700 a 900 m) recobertas por cerrados e penetradas por mata-galerias (Ab'Sáber, 2003) nos fundos de vale (com níveis altimétricos abaixo de 200 m). Esse quadro físico nos dá a ideia de que essa é uma das regiões brasileiras com maior diversificação térmica, ficando atrás apenas da Região Sudeste.

Em contraponto à essa diversificação criada pelo relevo e pela latitude, tem-se um regime sazonal de precipitação que atua no sentido contrário, criando homogeneidades climáticas regionais (Nimer, 1989).

Durante o verão, dois dos sistemas já vistos são os mais relevantes que atuam sobre a região central do país: a ZCAS e a ZCIT. A ZCAS atua durante a primavera, começa a agir com o aquecimento das águas do Oceano Atlântico e chega a sua intensidade máxima no verão, sendo responsável pela formação e pela atuação da mTa, que é uma das causadoras da grande pluviosidade no interior do continente e, consequentemente, no Centro-Oeste (Sano; Almeida; Ribeiro, 2008). O outro sistema é a ZCIT, que transporta, através dos ventos alísios, a umidade do litoral nordeste do país para a floresta Amazônica. A umidade será barrada na cordilheira andina, resultando em uma nebulosidade sentido noroeste-sudeste consequência da ação conjunta da ZCAS e ZCIT nos meses de novembro a março (Sano; Almeida; Ribeiro, 2008).

Já durante o inverno, as frentes frias, ou *sistemas frontais*, na região são originadas pela mPa que influencia fortemente o interior do país no período de outono e inverno. Essa massa de ar fria e seca entra no interior do continente sulamericano no sentido sul-norte, sendo esse sentido facilitado pela configuração do relevo do continente (Cordilheira dos Andes a oeste e Serra do Mar a leste), causando, em um primeiro momento, chuvas frontais durante 1 a 3 dias (Sano; Almeida; Ribeiro, 2008). Os dias que sucedem a passagem da frente fria são de céu limpo, pouca umidade específica e apresentam um forte declínio de temperatura (Zavattini, 2004). Essa dinâmica de grandes sistemas não originados no Centro-Oeste, mas nas suas proximidades, faz com que haja essa diferença sazonal de precipitação e temperatura à qual o cerrado está adaptado.

Em relação à temperatura, a região apresenta grande diversificação. A posição interiorana da região, sem influência direta da maritimidade, faz com que o fator latitude seja o condicionante dessa diversificação, com médias térmicas de 26° C nos limites a norte e 22° C no limite sul da região (Nimer, 1989).

Outro fator relevante que condiciona a temperatura em alguns pontos na região é o relevo. Nos pontos mais altos do relevo, nas chapadas do centro-sul da região, as médias térmicas anuais ficam próximas a 22 °C, como nas imediações de Brasília, que apresenta média anual de 20 °C a 1.200 m s.n.m. (Nimer, 1989).

Segundo Zavattini (2004), o fator *latitude*, juntamente com a atuação dos sistemas já descritos, faz com que os meses mais quentes coincidam com a primavera, quando os termômetros começam a subir, mas ainda sem a ação das precipitações que virão a se concentrar no verão por toda a região. Portanto, os meses de setembro e outubro assinalam máximas de 28 a 26 °C no norte e 26 a 24 °C no sul da região e nas superfícies mais elevadas (Nimer, 1989). As máximas, durante esse período do ano, afora as superfícies mais elevadas, podem chegar a 42 °C no nordeste do Mato Grosso, no norte de Goiás e na depressão pantaneira (Nimer, 1989).

Para Alves (2009), as temperaturas mais baixas estão relacionadas ao período de máxima atuação da mPa – junho e julho –, com a passagem de frentes frias. As mínimas mais intensas ocorrem ao sul do Mato Grosso e de Goiás, com médias diárias inferiores a 18 °C nos meses de junho e julho, porém sem apresentar nem um mês com médias inferior a 20 °C (Nimer, 1989) em toda a região.

Como já visto, a precipitação é um ponto relevante na análise do clima da região e está diretamente relacionada com a dinâmica dos centros de ação climática. Espacialmente, a precipitação acumulada no ano esconde a atuação desses sistemas, que são dependentes da sazonalidade (Sano; Almeida; Ribeiro, 2008). Sendo assim, tem-se os maiores índices pluviométricos ao norte do Mato Grosso, superior a 2.750 mm, com valores que decrescem para leste e sul (Nimer, 1989). Na divisa dos Estados de Goiás e Minas Gerais, a precipitação anual acumulada cai para 1.500 mm, atingindo valores inferiores a 1.250 mm na depressão pantaneira (Nimer, 1989) (Mapa 6.3).

Mapa 6.3 – Precipitação da Região Centro-Oeste

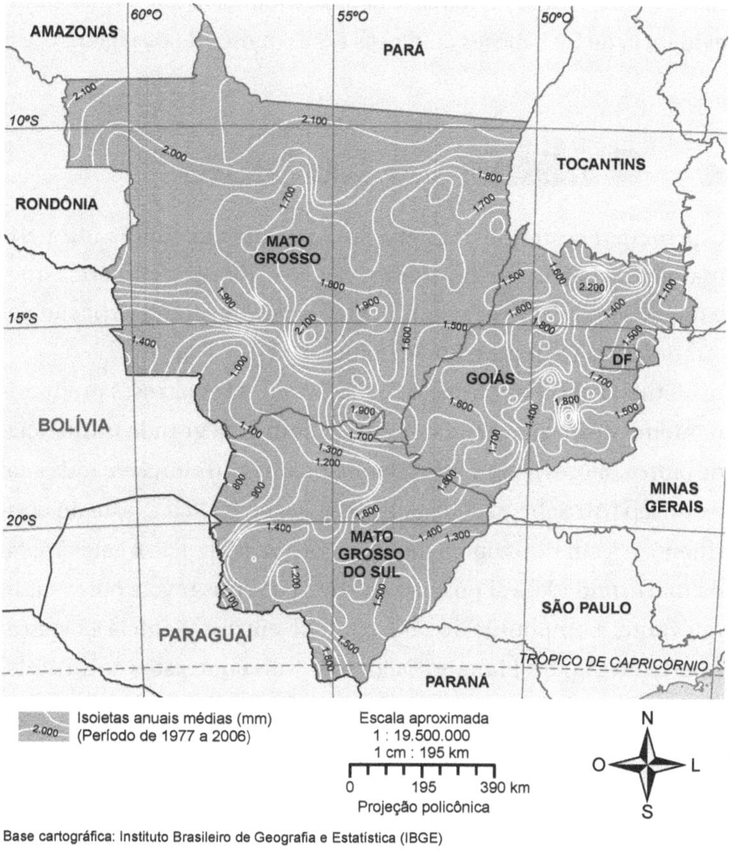

João Miguel Alves Moreira

Fonte: Nimer, 1989, p. 407.

A atuação conjunta dos sistemas de convecção e dos sistemas frontais causa a atenuação das características climáticas na região como um todo. O clima da região apresenta condições bem distintas segundo a estação do ano: uma estação chuvosa, que tem início entre setembro e outubro e se desdobra até março e abril, com ênfase nos meses de novembro, dezembro e janeiro; e uma estação seca, que se inicia entre abril e maio e perdura até setembro e outubro (Sano; Almeida; Ribeiro, 2008). Notamos, assim, uma clara evidência de 5 a 6 meses chuvosos e 5 a 6 meses de estiagem.

6.4 O clima do Sudeste

O principal fator que chama a atenção quando analisada a climatologia do Sudeste brasileiro é a diversificação climática que a região apresenta, principalmente se nos atermos à variação de temperatura (Nimer, 1989; Ab'Sáber, 2003).

Situada entre os paralelos 14° e 25° sul, a região está predominantemente na zona tropical, porém com uma grande influência de outros fatores geográficos condicionantes do clima em toda sua extensão (Ab'Sáber, 2003). Sua posição geográfica a leste do continente e a sul do Trópico de Capricórnio evidencia a relevância da maritimidade. Tal posição geográfica já nos revela outro fator relevante: a amplitude do relevo criada entre a Planície Costeira, a Serra do Mar e o Planalto Ocidental. Tais contrastes de altitude são os mais acentuados de todo o país, o que, juntamente com a interferência da maritimidade, favorece as precipitações nessa porção do país (Nimer, 1989).

O principal centro de ação que influencia o clima da região, atuante principalmente no verão, é a já citada ZCAS, formada no litoral imediato da Região Sudeste, favorecendo o transporte, por meio da mTa, de umidade pela evaporação marítima e de temperaturas elevadas pela ação dos alísios de sudeste (Zavattini, 2004). Tal sistema é o responsável por chuvas em diversas regiões do Brasil durante o solstício de verão austral.

Durante o inverno, a atuação da ZCAS é menos intensa e esse sistema se afasta do litoral sudeste do país, deixando a área aberta para a ação do anticiclone polar (Zavattini, 2004). Formada na região polar durante o solstício de inverno austral, a mPa invade frequentemente o sul do país durante essa estação do ano, causando chuvas frontais e queda nas temperaturas.

Quanto à temperatura, a região, que está predominantemente na zona tropical, segue o padrão esperado: máximas diárias mais significativas registradas nos meses de verão e mínimas diárias mais intensas nos meses de inverno (Nunes; Vicente; Candido, 2009). Porém, tal quadro não se mostra constante em uma análise de alguns anos, podendo apresentar anos mais quentes e invernos mais rigorosos.

Espacialmente, as áreas que apresentam os máximos de temperatura média anual estão localizadas em Minas Gerais, nos extremos oeste (Triângulo Mineiro-Alto Paranaíba) e norte do estado (Vale do Jequitinhonha), no extremo oeste de São Paulo e na porção litorânea de toda a região. A influência da latitude pode ser evidenciada pela diferença de temperatura, com o norte de Minas Gerais apresentando médias de 24 °C, enquanto o limite entre São Paulo e Paraná registra média de 20 °C (Nimer, 1989). Tal variação não ocorre com tamanha intensidade no litoral, onde a temperatura alterna em apenas 2 °C, 24 °C a 22 °C entre o norte e o sul da região, o que pode ser explicado pela **influência da maritimidade** (Nimer, 1989).

Algumas áreas mais elevadas presentes na região apresentam temperaturas médias mais amenas, como as serras do Espinhaço e da Mantiqueira, em Minas Gerais, e a Serra do Mar, em São Paulo, no Rio de Janeiro e no Espírito Santo. Nessas áreas, as médias são inferiores a 22 °C, podendo atingir temperaturas menos elevadas quando da atuação da mPa (Zavattini, 2004).

A influência do relevo na alternância de temperatura é evidente em vários pontos da região, como entre Angra dos Reis (planície litorânea, nível do mar) e Campos do Jordão (planalto atlântico, rebordos da Serra do Mar, 1.600 m s.n.m.), em que a média das mínimas no mês de julho variam em aproximadamente 14 °C (Nimer, 1989).

Assim como a temperatura, a precipitação varia amplamente em todo o território abrangido pelos Estados que compõem essa região. Os principais fatores responsáveis por essa variação são a latitude (relacionada com a posição geográfica), a maritimidade/continentalidade e as diferenças de amplitudes do relevo. Sendo assim, as áreas com maior coluna d'água, acima de 1.500 mm, estão localizadas no litoral e na vertente oriental da Serra do Mar (Nunes; Vicente; Candido, 2009), pela influência da maritimidade e da orografia local, causando chuvas orográficas durante todo o ano, e na diagonal entre o litoral do Estado do Rio de Janeiro e o oeste de Minas Gerais, principalmente durante a primavera e o verão, quando a atuação da ZCAS, conjuntamente com os contra-alísios, levam a umidade do Atlântico para o interior do país (Mapa 6.4).

Mapa 6.4 – Precipitação da Região Sudeste

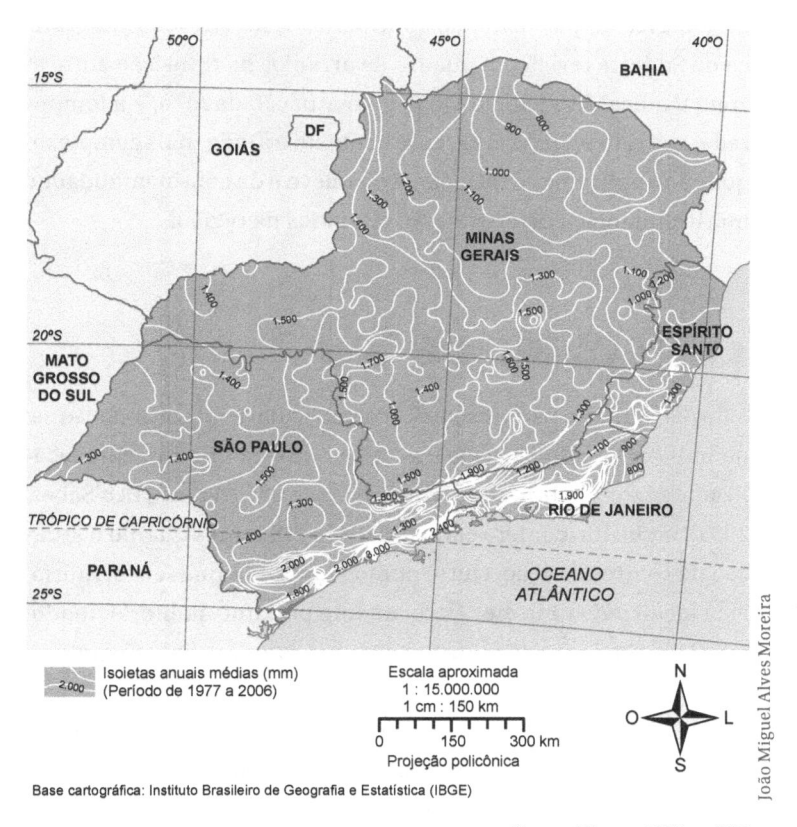

Fonte: Nimer, 1989, p. 287.

No solstício de inverno, quando a ZCAS não está atuando tão próxima ao litoral do país e, consequentemente, a mTa está mais deslocada para o norte, a Região Sudeste passa por uma relativa estiagem, com exceção das áreas litorâneas e das já localizadas na zona subtropical.

A região analisada demonstra uma relevância na análise climatológica do país e até do continente. A localização geográfica do Sudeste revela um quadro de arranjos na transição entre a zona tropical (Ab'Sáber, 2003), com atuação da mTa, e a temperada, com atuação da mPa. Esse contexto é ainda mais complexo quando analisamos a influência do relevo e da continentalidade/maritimidade na diversificação climática da região.

6.5 O clima do Sul

A Região Sul do país apresenta uma particularidade em relação as demais regiões do país: ela é a única que está inteiramente localizada na zona subtropical temperada (de 23° a 34° sul) (Ab'Sáber, 2003), o que lhe confere características diferentes quanto à atuação de centros de ação. Outro ponto relevante é que seu território está localizado todo ele relativamente próximo ao litoral, tendo a influência da maritimidade como um fator relevante para sua climatologia.

O Sul do país é a região mais uniforme, segundo a análise climática do Brasil, não tanto pela homogeneidade na temperatura, mas sim em relação à pluviometria (Nimer, 1989).

O relevo da região varia conforme seu embasamento litológico (Maack, 2012), apresentando desde baixas superfícies na porção litorânea, com sedimentos do quaternário e maciços gnaisses-graníticos, até superfícies elevadas, mais para o interior, representadas pela Serra do Mar paranaense (1.962 m, no Pico Paraná, ponto mais alto do sul do país) e pelo magmatismo do cretáceo, responsável pela formação do Planalto Meridional do país (Santos et al., 2006) (1.808 m, Morro da Igreja, em Santa Catarina). No extremo sul do país, da Depressão Central do Rio

Grande do Sul (vales dos Rios Ibicuí e Jacuí) até o Uruguai, predominam na fisionomia da paisagem os **pampas gaúchos**, com extensas planícies (Ab'Sáber, 2003).

Sobre os centros de ação que agem na região, tem-se a influência de sistemas originários nas baixas latitudes da zona intertropical e sistemas produzidos nas altas latitudes da zona temperada (Grimm, 2009). Os sistemas variam – segundo a maior ou a menor insolação da época do ano, com maior ou menor atuação – em latitude e pressão sobre o continente durante diferentes épocas do ano. A ZCAS varia entre 28° no solstício de verão austral e 23° sul no solstício de inverno (Nimer, 1989).

No entanto, o principal sistema para a climatologia do sul do Brasil é o **anticiclone polar** da América do Sul. Tal sistema, responsável pela atuação da mPa, é o gerador das frentes frias que atuam em praticamente todo o país durante o inverno. O anticiclone polar é formado sob a região polar do continente antártico, de alta pressão. Da região divergem as frentes que se deslocam para as áreas de menor pressão da região temperada, o que explica a baixa umidade e as baixas temperaturas que a mPa carrega para o continente sulamericano (Zavattini, 2004). Durante o verão a mPa deixa de agir, devido ao Polo Sul estar no solstício de verão.

Uma última massa de ar – pouco relevante, pois sua atuação no Brasil é pontual – é a massa tropical continental (mTc). Tal massa de ar é formada pela baixa do Chaco, no norte da Argentina e sudoeste do Paraguai. A característica de baixa umidade pode ser explicada pela presença dos Andes, além de correntes frias que atuam na costa oeste do continente sulamericano, o que, ao contrário da costa brasileira, lhe confere a característica de uma região mais seca (Nimer, 1989). Portanto, a mTc apresenta pouca umidade e altas temperaturas, e por isso é mais significativa durante o verão austral. Sua atuação durante o verão no sul do país traz alguns meses de estiagem no sudoeste do Rio Grande do Sul, o que, somado à falta de planejamento no uso e na ocupação do solo, traz um processo de desertificação acelerado (Suetergaray, 1998) que pode resultar em um declínio não apenas do quadro físico da região, mas também socioeconômico.

Analisando a temperatura média anual, verifica-se a presença de regiões com médias de 22° a 20 °C no norte e no oeste paranaenses, típicas de regiões intertropicais (Maack, 2012). A alta temperatura dessas regiões pode ser explicada pela latitude, no norte paranaense, e pelo relevo, aproximadamente 200 m s.n.m., na calha do Rio Paraná (Nimer, 1989).

As demais médias térmicas que ocorrem na região são características de regiões da zona temperada e estão condicionadas principalmente a três fatores geográficos do clima: latitude, maritimidade/continentalidade e relevo. Médias térmicas de 18 °C aparecem nas proximidades do litoral (até 800 m) e no extremo oeste paranaense (900 a 500 m), no litoral de Santa Catarina (500 a 300 m) e no litoral do Rio Grande do Sul (até 300 m) (Nimer, 1989).

As menores médias térmicas da região – e, consequentemente, do país – estão localizadas nos pontos mais altos do relevo no Sul do país. Médias abaixo de 14 °C são encontradas no Paraná em pontos acima de 1.300 m na Serra do Mar e entre 1.100 e 1.200 m na divisa entre o segundo e o terceiro planalto, nas proximidades do município de Palmas (Nimer, 1989), próximo à divisa entre Paraná e Santa Catarina. Já o ponto com as menores médias térmicas anuais, verificadas em aproximadamente 10 °C, está na região do Morro da Igreja, no Parque Nacional de São Joaquim, localizado entre os municípios de Urubici, Bom Jardim da Serra e Orleans, a mais de 1.800 m de altitude e aproximadamente 29° sul de latitude (Nimer, 1989).

Afora o norte e o oeste paranaense, que se assemelham mais ao comportamento climático da zona intertropical, apresentando certa sazonalidade no regime pluviométrico (Maack, 2012), o restante do Sul do país tem suas chuvas bem distribuídas no espaço e durante todo o ano. Para se ter uma ideia dessa uniformidade, a variação de toda região fica entre 1.250 e 2.000 mm de precipitação anual acumulada (Zavattini, 2004).

Por influência dos fatores geográficos (relevo e maritimidade, principalmente), algumas áreas fogem desse padrão apresentado para a região, chegando a registrar pluviosidade acima de 2.000 mm.aa. (Nimer, 1989), como no litoral e na Serra do Mar paranaense, no oeste de Santa Catarina e na região do município sul-rio-grandense de São Francisco de Paula, na borda do planalto meridional da Serra Geral.

Já as áreas em que menos chove no Sul, com médias inferiores a 1.250 mm.aa., estão localizadas em um pequeno trecho no sul do litoral de Santa Catarina e ao longo de grande parte do litoral do Rio Grande do Sul (Mapa 6.5), onde a ausência de uma formação geomorfológica, como a Serra do Mar no restante do litoral do país, faz com que não haja uma condensação do vapor d'água proveniente do Atlântico.

A sazonalidade pluviométrica não é muito evidente no Sul do país, exceto a já referida região noroeste do Paraná, que passa por secas periódicas que variam de um a dois meses, nos meses de inverno (Maack, 2012). Por se tratar de uma área de transição entre a zona intertropical e a temperada, tal sazonalidade pluviométrica se aproxima mais do comportamento das dinâmicas climatológicas do Centro-Oeste.

Quanto à sazonalidade da temperatura, é evidente uma diferença térmica entre o verão e o inverno, até mesmo por se tratar de uma região que se distribui predominantemente na zona subtropical. Essa variação térmica sazonal, somada ao fator *relevo*, faz com que, no inverno, no planalto meridional seja frequente a ocorrência de geadas. A ocorrência desse fenômeno está vinculada aos dias seguintes da passagem de uma frente fria (Nimer, 1989) nas áreas onde a mPa atua com mais intensidade.

Fique atento!
Qual a interferência da geada no Sul do país?

Segundo Nimer (1989), o café cultivado no norte do Paraná desde meados da década de 1950 vai contra todos os princípios ecológicos, devido à ação das geadas na região. Esse fenômeno varia sua intensidade entre 1 e 3 meses durante o ano, em média, podendo ter anos de maior frequência devido à maior ação do anticiclone polar. Assim, a agricultura na porção norte do estado fica à mercê da atuação dos sistemas de circulação atmosférica no Sul do país. Tal quadro climático normal já protagonizou prejuízos históricos para a economia cafeeira paranaense.

Mapa 6.5 – Precipitação da Região Sul

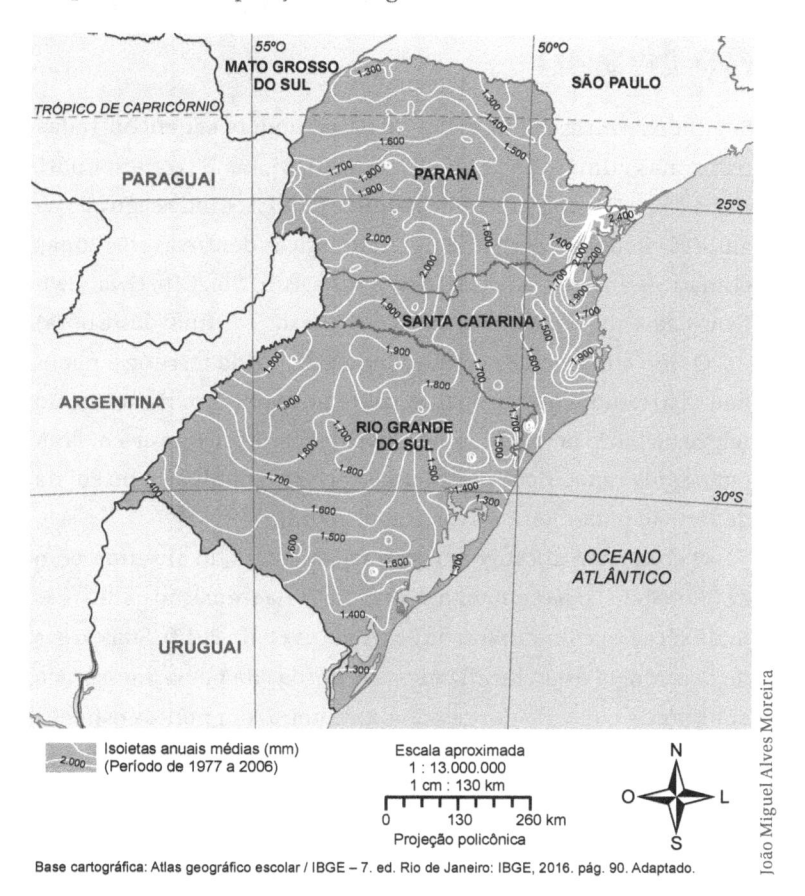

Isoietas anuais médias (mm)
(Período de 1977 a 2006)

Escala aproximada
1 : 13.000.000
1 cm : 130 km
0 – 130 – 260 km
Projeção policônica

Base cartográfica: Atlas geográfico escolar / IBGE – 7. ed. Rio de Janeiro: IBGE, 2016. pág. 90. Adaptado.

Fonte: Nimer, 1989, p. 213.

Nas porções mais elevadas do Sul do país, nos períodos de máxima atuação da mPa durante o inverno, é possível a precipitação de neve, mesmo que raras e pouco intensas, durante poucos dias.

6.6 Classificação climática do Brasil

Segundo Alvares et al. (2013), no Brasil podem ser encontradas três zonas climáticas: A (zona tropical), 81,4%; B (zona semiárida), 4,9%; e C (zona subtropical úmida), 13,7%. Ainda segundo os autores citados, ocorrem 12 tipos climáticos dentre as três zonas climáticas apresentadas: Af, Am, Aw, As, Bsh, Cfa, Cfb, Cwa, Cwb, Cwc, Csa, Csb (ver Mapa D, na seção "Anexos", ao final desta obra).

O tipo climático **Af** corresponde a 22,6% do território nacional, distribuído predominantemente nos pontos mais baixos do relevo da bacia amazônica, ao longo da planície litorânea baiana, em pontos específicos nos litorais carioca e paulista e no sul da depressão pantaneira (Alvares et al., 2013).

O clima **Am** abrange quase a mesma área do anterior, com 27,5% do país, mas com uma distribuição na transição para áreas mais secas se comparadas ao Af (Alvares et al., 2013). Suas áreas de ocorrência estão localizadas nas bordas da bacia amazônica, em grande parte da depressão pantaneira, em pontos específicos no litoral da Região Nordeste e da planície litorânea dos estados que compõem a Região Sudeste. Vale a ressalva que o tipo climático Am é o clima de maior ocorrência no país, distribuído sempre na transição, nas bordas, entre o Af e as áreas mais secas (Alvares et al., 2013).

O segundo tipo climático de maior frequência no país é o **Aw**, com 25,8% do território (Alvares et al., 2013). Sua ocorrência está associada à forte sazonalidade pluviométrica verificada na porção central do país, em pontos na Planície das Guianas, nas porções mais altas da região pantaneira e nas proximidades da região litorânea no Sudeste brasileiro (Alvares et al., 2013).

O último tipo climático da zona tropical, segundo a classificação de Köppen, a ocorrer no país é o **As**, com apenas 5,5% do território nacional. Sua distribuição dá-se desde o Maranhão até o norte de Minas Gerais, na transição entre os climas mais úmidos (Aw) e mais secos (BSh) (Alvares et al., 2013). Na Região Nordeste do país, a área de ocorrência desse clima é popularmente conhecida como *agreste*, onde pode-se encontrar áreas um pouco elevadas em relação ao litoral nordestino, como na Chapada do Araripe (Alvares et al., 2013).

O único tipo climático característico de regiões semiáridas que ocorre no país é o **BSh**, com uma área de 4,9% (Alvares et al., 2013). Sua distribuição, segundo Alvares et al. (2013), dá-se inteiramente no interior da Região Nordeste, chegando até à porção litorânea do Rio Grande do Norte, mas sem atingir o norte de Minas Gerais em sua porção mais austral.

Quanto aos climas da zona subtropical úmida, sua ocorrência dá-se predominantemente na Região Sul do Brasil e nas partes mais altas do relevo nas proximidades do Trópico de Capricórnio. O tipo climático mais representativo entre os da zona subtropical é o **Cfa**, com 6,5% da área total do país, abrangendo uma área contínua desde o Estado de São Paulo e o sul de Mato Grosso do Sul até o sul do Rio Grande do Sul. Nas porções interioranas, é clara a influência da topografia, onde nota-se a ocorrência do Cfa nos pontos mais baixos do relevo, como nas proximidades da calha dos rios Paraná e Uruguai. Já nas proximidades do litoral, entre a Serra do Mar e o Planalto Meridional (no primeiro planalto paranaense e na depressão periférica paulista), pode-se encontrar outra área contínua de Cfa, novamente remetendo ao fator *relevo*. Outro ponto de Cfa que, segundo os autores, ocorre no país e que está ainda mais condicionado pelo relevo é o Pico da Neblina, no Amazonas – o ponto mais alto do Brasil, com quase 3.000 m de altitude (Alvares et al., 2013).

Com uma distribuição de apenas 2,3% de área, o clima **Cfb** ocorre, segundo Alvares et al. (2013), da porção sul de Minas Gerais (Serra da Mantiqueira) até o norte do Rio Grande do Sul, passando por uma das regiões mais altas do país, como São Joaquim e Urubici, em Santa Catarina, além da capital mais fria do país, Curitiba, no Paraná. Tal distribuição espacial novamente remete ao fator *relevo*, associado com a maior/menor proximidade do oceano. A presença de umidade constantemente no Cfb durante todo o ano também está condicionada pelo relevo, como pode-se observar na Serra do Mar ou, especificamente, na Serra de Paranapiacaba, em São Paulo, e na Serra dos Órgãos, no Rio de Janeiro.

O tipo climático **Cwa** ocorre, com grande influência da continentalidade, no interior de São Paulo, nas proximidades de Taubaté e de Ribeirão Preto, e em Minas Gerais, no Triângulo Mineiro e nas margens do Rio Grande (localizado ao sul de Minas Gerais), além de pontos descontínuos no Nordeste, como no Planalto da Borborema (Alvares et al., 2013). Assim, o Cwa abrange uma área equivalente a 2,5% do total do país (Alvares et al., 2013).

Com pouco menos abrangência, 2,1% de área, o clima **Cwb** ocorre nos pontos mais altos do Sudeste brasileiro, com grande representatividade no escudo cristalino que embasa o Estado de Minas Gerais, nos picos (acima de 1.000 m) das Serras da Canastra, Mantiqueira e Espinhaço (Alvares et al., 2013).

Os demais tipos climáticos, **Cwc**, **Csa** e **Csb**, foram identificados pela primeira vez no país por Alvares et al. (2013) em pontos muito específicos, em paisagens com características muito particulares, não chegando a representar 0,01% de área total do país.

A dimensão espacial do país e os diversos fatores geográficos formadores dos climas tornam essa análise complexa. Esperamos, assim, que a explanação venha a simplificar um quadro holístico ao qual a classificação tenta abstrair.

No conteúdo passado, tentamos ao máximo manter um caráter de dinamicidade e não ficar apenas na classificação. A paisagem é dinâmica e a capacidade de reduzi-la segundo características térmicas e pluviométricas por si só não auxiliam na real compreensão do clima. Portanto, cabe ao licenciado explanar ou ao pesquisador compreender a classificação como uma tentativa de padronizar características típicas de um ou de outro tipo climático. Para tal, abordamos as massas de ar e os centros de ação que atuam em cada uma das regiões do país, em uma tentativa de dinamizar ao máximo a relação existente entre diferentes escalas de abordagem espacial da climatologia.

Uma última particularidade concerne a elementos que compõem a paisagem e que estão ligados diretamente à discussão da climatologia em cada uma das regiões abordadas, como o parco desenvolvimento econômico evidenciado no interior nordestino e a desertificação no extremo sul do país. Assim, esperamos criar as bases para a discussão da classificação climática que um geógrafo deve fazer, seja em sala de aula, seja em uma pesquisa acadêmica que queira ultrapassar o ambiente universitário e que tenha um real compromisso social.

Síntese

Nesse capítulo, tratamos dos climas do Brasil segundo a classificação de Köppen, abordando cada região especificamente, conforme resumimos a seguir:

» Região Norte: clima homogêneo (temperaturas e pluviosidades altas), o que pode ser explicado pelo relevo local e pela forte influência da ZCIT.

- » Região Nordeste: único clima semiárido do país (forte estiagem) no interior da região, no sertão.
- » Região Centro-Oeste: verão quente e chuvoso (ZCIT e ZCAS) e inverno relativamente seco e frio (mPa).
- » Região Sudeste: maior diversificação climática do país devido à interferência do relevo, grande participação da ZCAS no verão.
- » Região Sul: Predomínio de clima subtropical, sem a sazonalidade pluviométrica, com grande influência da mPa durante o inverno.

Indicação cultural

Livro

AB'SÁBER, A. N.; MENEZES, C. **O que é ser geógrafo**: memórias profissionais de Aziz Nacib Ab'Sáber. Rio de Janeiro: Record, 2007.

O livro é uma compilação de experiências biográficas de um dos maiores geógrafos que o país já teve, com trechos em que Aziz descreve seus trabalhos no Nordeste e Norte, passando por outras caracterizações do planalto central e do extremo sul, onde também lecionou durante a vida. Além de auxiliar na caracterização do país, a obra abre a discussão para o papel da geografia e do geógrafo na construção e na evolução do país.

Atividades de autoavaliação

1. A Região Norte é a que apresenta o clima mais homogêneo do país, entre outras particularidades. Sobre isso, leia as afirmativas a seguir e marque V para as verdadeiras e F para as falsas.

( ) O clima é caracterizado por médias térmicas altas e por altos índices de pluviosidade, praticamente sem influência da sazonalidade.
( ) Nessa região, pode-se encontrar o tipo climático Cfa no topo do Pico da Neblina, o ponto mais alto do país.
( ) A influência da ZCIT é restrita na região durante grande parte do ano, quando a floresta mantém a umidade por meio dos seus altos índices de evapotranspiração.
( ) Espacialmente, sabe-se que as maiores temperaturas e a concentração de pluviosidade ocorrem na porção central da bacia amazônica, nas proximidades da calha do Rio Amazonas.

Agora, assinale a alternativa que apresenta a sequência correta:
a) V, F, F, V.
b) F, F, V, V.
c) V, V, F, V.
d) V, V, F, F.

2. A região do nordeste brasileiro apresenta características climáticas distintas das outras regiões do país. Sobre isso, avalie as assertivas a seguir.

I. O clima é o principal fator responsável pelo quadro socioeconômico da região, especificamente do sertão nordestino.
II. O sul da Bahia pode, esporadicamente, ser atingido por frentes frias mais intensas, formadas pela ação da mPa.
III. O relevo influencia a formação do clima local, como no planalto da Borborema e na planície litorânea, porém não deve ser considerado fator principal da estiagem pela qual a região passa em grande parte do ano.

Agora, marque a alternativa correta:
a) Apenas as assertivas I e II são verdadeiras.
b) Apenas as assertivas II e III são verdadeiras.
c) Apenas as assertivas I e III são verdadeiras.
d) Apenas a assertiva III é verdadeira.

3. Sobre o clima da Região Centro-Oeste, analise as assertivas a seguir.
   I. A forte sazonalidade da pluviosidade é uma característica da região, apresentando primavera e verão chuvosos e outono e inverno de relativa estiagem.
   II. A atuação conjunta da ZCIT com a ZCAS produz as volumosas chuvas que ocorrem durante o verão no planalto central brasileiro.
   III. A grande extensão latitudinal é a responsável pela homogeneidade da temperatura entre os limites norte e sul da região, 5° e 22°S respectivamente.

   Agora, marque a alternativa correta:
   a) Apenas as assertivas I e II são verdadeiras.
   b) Apenas as assertivas II e III são verdadeiras.
   c) Apenas as assertivas I e III são verdadeiras.
   d) Apenas a assertiva III é verdadeira.

4. Sobre o clima da Região Sudeste, leia as afirmações a seguir e marque V para as verdadeiras e F para as falsas.
   ( ) É a região que apresenta a maior diversificação de tipos climáticos entre todas do país.
   ( ) A topografia influencia na classificação climática da região, como em pontos altos do relevo nas Serras do Mar, da Canastra, da Mantiqueira, de Paranapiacaba e do Espinhaço.

( ) Na transição entre as zonas temperada e tropical, a região se mostra complexa para a análise climatológica, especificamente pela atuação da mTa e mPa.

( ) A ZCIT atua diretamente na região, principalmente no inverno, ao trazer chuvas frontais para o Sudeste.

Agora, marque a alternativa que apresenta a sequência correta:
a) V, F, F, V.
b) F, F, V, V.
c) V, V, F, V.
d) V, V, V, F.

5. Sobre o clima da Região Sul, avalie as assertivas a seguir.
   I. Única região do país a apresentar precipitação de neve.
   II. Em algumas localidades no interior de Santa Catarina, o fator relevo faz com que sejam registradas as mínimas anuais do país.
   III. A atuação da mPa é reduzida na região, devido à ação do anticiclone polar durante o inverno.

   Agora, marque a alternativa correta:
   a) Apenas as assertivas I e II são verdadeiras.
   b) Apenas as assertivas II e III são verdadeiras.
   c) Apenas as assertivas I e III são verdadeiras.
   d) Apenas a assertiva III é verdadeira.

Atividades de aprendizagem

Questões para reflexão

1. Para cada uma das regiões, faça o que se pede a seguir:
   a) Descreva um fator geográfico que condiciona o clima para cada uma das regiões, fazendo sua relação com a classificação climática do local.

b) Caracterize o tipo climático predominante de cada região, explicando-o de maneira pormenorizada.

2. Escolha um dos temas a seguir e desenvolva um texto explicativo, correlacionando as características climáticas com possíveis alterações da paisagem:
» Região Norte: desmatamento da floresta amazônica. Quais as consequências para o clima do país?
» Região Nordeste: quadro socioeconômico local. Como associar ou não as características humanas do local com o clima da região?
» Região Centro-Oeste: sazonalidade da pluviosidade. Como correlacionar as incidências de queimadas/incêndios no Cerrado ao clima local ou até mesmo à ação dos latifundiários donos das *commodities* locais?
» Região Sudeste: ação da ZCAS durante o verão. Como está associada a atuação do centro de ação referido com as frequentes enchentes vividas nos grandes centros urbanos?
» Região Sul: o processo de desertificação no sul do Rio Grande do Sul. Como a atuação da mTc, juntamente com a falta de planejamento do uso e da ocupação do solo, afeta de maneira quase irreversível a paisagem do local?

Atividade aplicada: prática

1. Faça uma busca em pelo menos dois materiais didáticos distintos, do mesmo nível de aprendizado, sobre como o clima do Brasil é tratado. Não se atenha à descrição do conteúdo, mas veja a possibilidade de o material auxiliar o professor na prática didática, explicando as dinâmicas dos centros de ação e as particularidades dos fatores climáticos para a constituição dos climas do país.

7
As mudanças climáticas globais

Thiago Kich Fogaça

É inegável a dimensão e a importância que o tema das mudanças climáticas globais ganharam no cenário mundial. Porém, existem muitas discussões sobre o verdadeiro agente que as promove: É uma ação antrópica ou um efeito natural? Neste capítulo, iremos tratar dos fatos relacionados ao tema, trazer a discussão sobre os cenários e as maiores preocupações dos pesquisadores da área, além de abordar as medidas de políticas públicas para minimizar os impactos nas sociedades.

7.1 Escalas geográficas do clima e mudanças climáticas

Para iniciarmos nossa discussão, precisamos ter em mente como são tratados os estudos em climatologia, com ênfase nas mudanças climáticas. Abordamos nos capítulos anteriores como a configuração dos diferentes tipos de clima influencia, direta ou indiretamente, nos diversos fatores físicos da paisagem, bem como na escala local, em ações antrópicas, alterando os ambientes. Pensando nesses aspectos, iremos verificar como a questão da escala se relaciona com os assuntos sobre mudanças climáticas.

O sistema climático pode ser considerado um sistema aberto, que sofre interferência de diversos fatores, como as alterações nas feições terrestres (relevos), atmosféricas (processos químicos) e cósmicas (influências interestelares, como a incidência de radiação solar), as quais podem ser analisadas mediante escalas geográficas do clima, que serão responsáveis por delimitar o recorte espaço-temporal de análise (Sant'Anna Neto, 2010).

Para organizar as escalas geográficas do clima e com o intuito de relacioná-las às mudanças climáticas, Sant'Anna Neto (2008) elaborou um quadro síntese com ênfase nos processos desencadeadores das alterações do clima.

Quadro 7.1 – Escalas geográficas do clima

	Escala Espacial	Escala Temporal	Gênese	Processos
Generalização	Global	Mudança	Natural	Movimentos astronômicos, glaciações, vulcanismo, tectônica de placas
Organização	Regional	Variabilidade	Natural e Socioeconômico	Sazonalidade, padrões e ciclos naturais, transformações históricas da paisagem.
Especialização	Local	Ritmo	Socioeconômico	Padrão de uso do solo, expansão territorial urbana, cotidiano da sociedade

Fonte: Sant'Anna Neto, 2003, citado por Sant'Anna Neto, 2008, p. 64.

Com esse quadro, o autor classifica a mudança (variando de séculos até milhões de anos) apenas na escala global, influenciada por movimentos astronômicos, glaciações, vulcanismo e tectônica de placas e não apresentando relação com ações antrópicas. Estas, por sua vez, estão relacionadas à escala local, de tempo curto, aquela que estuda o ritmo climático (hora, dia e mês) e tem reflexo nos aspectos socioeconômicos. A escala intermediária é a que trata da variabilidade climática (anos e décadas) e que, espacialmente, trata da escala regional, apresentando aspectos de ordem natural e também aquelas relacionadas às transformações das paisagens pelas ações antrópicas (Sant'Anna Neto, 2003, 2008).

Do ponto de vista dessa classificação, as ações antrópicas não podem ser relacionadas às mudanças climáticas, porém, muitos pesquisadores têm se dedicado a comprovar o contrário. Além disso, existem processos que foram conhecidos mais recentemente (abordados nos capítulos anteriores), como a influência do El Niño (EM) e da La Niña (LN), que alternam a dinâmica do Oceano Pacífico e são classificados como variabilidade climática, mas de impacto global (Mendonça; Danni-Oliveira, 2007; Zangalli Junior, 2013; Sant'Anna Neto, 2013).

Essas questões ganham intensidade quando passamos a analisar as diferentes visões sobre o aquecimento global, bem como os agentes desencadeadores deste. Para tanto, passaremos a evidenciar algumas discussões sobre o efeito estufa, o principal motivador sobre o assunto.

7.2 Efeito estufa e agentes causadores do aquecimento global

Para iniciarmos uma discussão sobre as mudanças climáticas, primeiramente precisamos entender quais mudanças estão sendo registradas, sobretudo na dinâmica do efeito estufa, para, assim, compreendermos quais são as bases científicas que sustentam as diferentes visões sobre o assunto. No entanto, vale ressaltar que o clima passou e passa por constantes mudanças, contudo, pesquisas recentes têm apresentado cenários alarmantes e que vêm sendo utilizados pelas mídias na disseminação de informações nos mais variados contextos.

Vimos anteriormente que os gases do efeito estufa (GEE) são essenciais na manutenção do clima e na vida na superfície da Terra. Porém, quando são registrados em excesso, acentuam a absorção do calor. Com as mudanças na produção, sobretudo as causadas pelas Revoluções Industriais, ocorreu a mudança na matriz energética, com a intensificação do uso de combustíveis fósseis: inicialmente o carvão mineral e, posteriormente, o petróleo (Mendonça, 2014).

Com a queima desses combustíveis são lançadas grandes quantidades de gás carbônico (CO_2), que se acumulam na troposfera; além disso, os CFC's (clorofluorcarbonos) também agem na degradação da camada de ozônio (ozônio troposférico-estratosférico), aumentando a passagem dos raios ultravioletas para a baixa atmosfera, que são aprisionados resultando na intensificação do aquecimento global (Mendonça, 2014).

Além disso, no passado (até 650 mil anos atrás), os registros de CO_2 na atmosfera indicavam a presença de volumes menores que 290 ppm (partes por milhão), porém atualmente já se encontram superiores: em 2008 já se encontravam em 387 ppm e subindo constantemente (Giddens, 2010).

Outra informação referente ao CO_2, um dos gases mais importantes no efeito estufa, é o aumento de sua concentração na superfície, passando de 280 ppm para 379 ppm após a Revolução Industrial. Os registros indicam que ocorreu aumento em 80% das emissões dos GEEs entre os anos de 1970 e 2004 (Blank, 2015). Tendo essas constatações como base, passou-se a buscar explicações para o fato, sendo associado à queima de combustível fóssil pelas indústrias e ao desmatamento advindo do avanço da agricultura, ocasionando desequilíbrios ambientais.

O Intergovernamental Panel on Climate Change[i] (IPCC) constatou que, a partir de 1750, ocorreu a concentração de GEEs, sendo registrado aumento de 33% do CO_2, 151% do metano (CH_4) e 17% de óxido nitroso (N_2O); paralelo a isso, ocorreu o aumento das temperaturas médias globais em torno de 0,6 °C a 2,0 °C somente no século XX, momento de maior crescimento industrial da humanidade (Mendonça, 2014).

Nos relatórios do IPCC também é evidenciada a problemática dos aerossóis, por estes serem, sobretudo, resultado de ações antrópicas e atuarem de forma negativa no balanço radiativo da atmosfera.

Sobre isso, Mello-Théry, Cavicchioli e Dubreuil (2013, p. 164) afirmam: "Faz-se importante dizer que toda a variedade de aerossóis emitidos pelo homem produz tanto efeitos energéticos diretos quanto indiretos, positivos como negativos, embora no balanço total se estime que resultem numa contribuição líquida negativa na retenção de calor na atmosfera".

Sendo assim, foram elaborados programas para redução da emissão dos GEEs, em que as pesquisas fixam que é possível reduzir as emissões entre 50 e 85% até o ano de 2050. Caso não ocorra a redução, os relatórios do IPCC apresentam previsões preocupantes, como aumento na temperatura global nos valores de 1,8 °C até 4 °C para o ano de 2100 (5º Relatório e mais atual): na prática, essa elevação seria suficiente para promover grandes alterações nas paisagens (Blank, 2015).

Segundo Giddens (2010), as imagens de satélites registradas a partir de 1978 demonstram que a cobertura média do gelo vem encolhendo em ambos os hemisférios. Para o Ártico, a perda média está em 3% por década, sendo intensificado nos verões. Além disso,

---

i. Painel Intergovernamental de Mudanças Climáticas, em português.

o autor complementa que os níveis dos mares apresentaram significativo aumento no século XX e que outros processos relacionados ao aumento de vapor d'água na atmosfera poderão desencadear maiores episódios de tempestades tropicais, seguidos de inundações.

O National Snow and Ice Data Center (NSIDC) tem monitorado o gelo do Ártico apresentando constatações importantes.

Gráfico 7.1 – Comparativo de extensão de gelo no Ártico

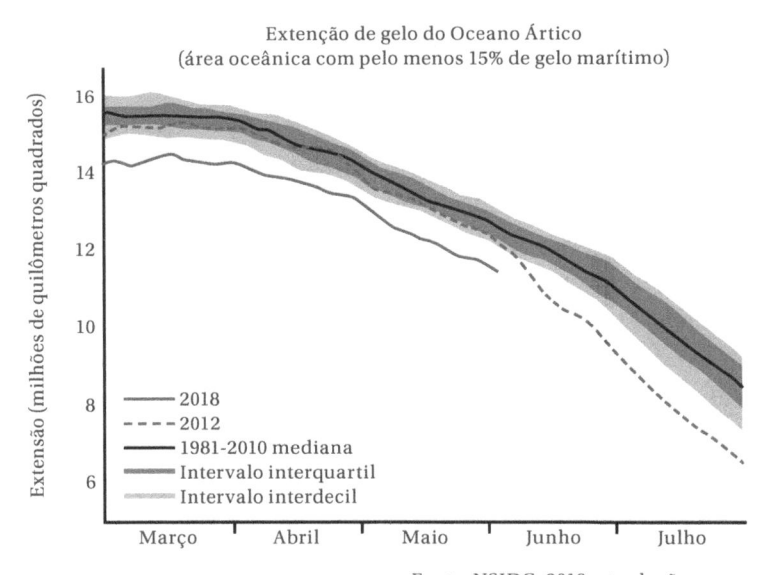

Fonte: NSIDC, 2018a, tradução nossa.

Observando o Gráfico 7.1, podemos evidenciar que a concentração de gelo no Ártico está inferior ao valor médio apresentado entre os anos de 1981 e 2010. Em 2012, essa concentração foi a menor registrada. Prosseguindo, o NSIDC também apresentou uma simulação espacial para a extensão de gelo no Ártico (Mapa 7.1).

Mapa 7.1 – Extensão de gelo no Ártico em 3 de junho de 2018

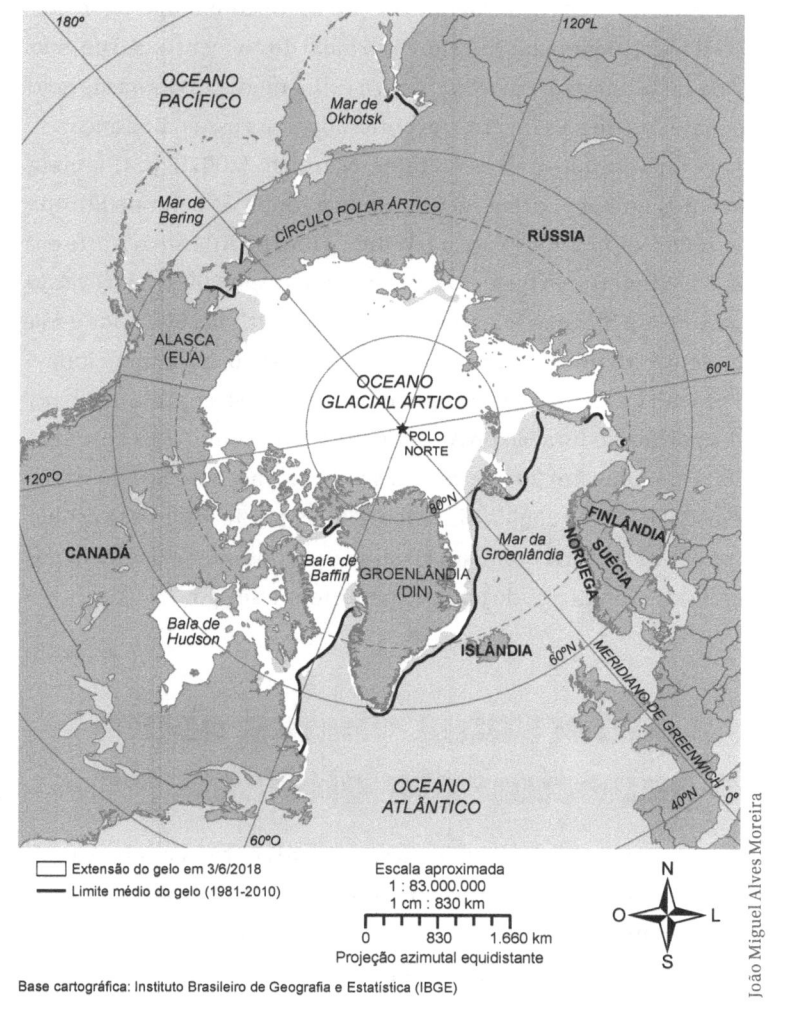

- Extensão do gelo em 3/6/2018
- Limite médio do gelo (1981-2010)

Escala aproximada
1 : 83.000.000
1 cm : 830 km

0   830   1.660 km

Projeção azimutal equidistante

Base cartográfica: Instituto Brasileiro de Geografia e Estatística (IBGE)

Fonte: NSIDC, 2018b.

O mês de outubro é um momento de transição entre o verão e o inverno no Ártico. Além disso, ao analisar o Mapa 7.1, é possível identificar taxas inferiores ao ideal de concentração de gelo. Vale ressaltar que, em dezembro, a linha média histórica de gelo é maior devido ao inverno, acentuando mais essas diferenças.

Colaborando com esses fatos, Marengo (2007b, p. 19) relata eventos no início deste século, como a "onda de calor na Europa em 2003, os furacões Katrina, Wilma e Rita no Atlântico Norte em 2005, o inverno extremo da Europa e Ásia em 2006 [...]. O verão de 2003 na Europa, foi o mais quente dos últimos 500 anos e matou entre 12 mil e 15 mil pessoas". No Brasil, o autor menciona o Furacão Catarina, que atingiu o país em 2004, sendo considerado o primeiro furacão do Atlântico Sul, bem como "a recente seca da Amazônia em 2005 e as secas já observadas no Sul do Brasil em 2004, 2005 e 2006" (Marengo, 2007b, p. 19). Toda essa problemática se tornou combustível para os grupos que se dedicam aos estudos climáticos, dos quais trataremos a seguir.

7.3 Diferentes visões sobre o aquecimento global

Com o avanço da problemática ambiental sobre as mudanças climáticas, surgiram grupos que passaram a testar metodologias para compreender as causas do "aquecimento global". O grupo mais emblemático foi o IPCC, formado nos anos de 1988, resultado de esforços somados entre a Organização Meteorológica Mundial (OMM) e o Programa das Nações Unidas para o Meio Ambiente (Pnuma) (Marengo, 2008).

Segundo Marengo (2008), a função do IPCC é de suporte científico para as avaliações dos cenários climáticos, bem como o mapeamento das mudanças climáticas. "Sua missão é 'avaliar a informação científica, técnica e socioeconômica relevante para entender os riscos induzidos pela mudança climática na população humana" (Marengo, 2008, p. 84). O autor ainda salienta que o IPCC tem a importante função de fornecer informações cientificamente comprovadas sobre a situação climática mundial, para, além de assegurar a credibilidade às discussões, auxiliar na governança e nas políticas ambientais.

É possível identificar o discurso predominante, "aquecimentista antrópico", em meio ao cenário de incertezas quanto à gênese do fenômeno (Zangalli Junior, 2013). As pesquisas apresentadas pelo IPCC seguem nessa linha de raciocínio e têm apresentado resultados segundo os quais o homem se tornou o principal agente transformador da gênese climática, devido, sobretudo, ao aumento na emissão dos GEEs, pós-Revolução Industrial.

Os cinco relatórios apresentados pelo IPCC sofreram alterações, na medida que os pesquisadores foram encontrando mais variáveis e resultados em suas análises. Os cenários do IPCC são apresentados em dois grupos distintos: o mais antigo, *Special Report on Emissions Scenarios* – SRES (IPCC, 2000), e o mais recente, *Representative Concentration Pathways* (RCPs) (IPCC, 2007, 2013). Tanto no SRES quanto nos RCPs são levadas em consideração as seguintes variáveis:

1. cenário socioeconômico;
2. forçantes radiativas;
3. projeções climáticas;
4. impactos, adaptações e vulnerabilidade.

O diferencial entre os relatórios consiste no fato de que, nos primeiros cenários (SRES), as variáveis foram apresentadas em fases sequenciais (sem inter-relação entre elas), enquanto nos RCPs as mesmas informações são utilizadas em paralelo, resultando em cenários com a combinação de diferentes variáveis (Taveira, 2016). Sendo assim, os RCPs apresentam-se aprimorados metodologicamente.

Como resultado, apresentou-se nos últimos prognósticos dos RCPs, além do aumento das temperaturas médias globais (até 4 °C para o ano de 2100), o aumento das precipitações para as médias e altas latitudes. Além disso, todo esse processo deverá culminar com a elevação dos níveis dos mares e, consequentemente, na alteração da dinâmica do planeta, desencadeando problemas ambientais multifacetados e acentuando os eventos extremos climáticos por todo o planeta (Mendonça, 2006, 2014; Marengo, 2007b; Marengo et al., 2007; IPCC, 2013).

Os estudos apresentados pelo IPCC (2007) são, sobretudo, baseados em resultados encontrados por pesquisadores do mundo todo. Mediante os cenários de simulação do clima futuro, o grupo afirma que não existe relação entre a variabilidade climática natural do planeta e o aquecimento global, pois quando essas informações (baseadas em variáveis naturais) são utilizadas pelos modelos computacionais, não apresentam o real aquecimento. Além disso, os registros demonstram o aumento da temperatura do ar global, o derretimento das geleiras e, consequentemente, o aumento no nível dos oceanos, eventos explicados pela atual problemática de concentração dos GEEs antrópicos, representando o desequilíbrio do sistema energético e climático do planeta (IPCC, 2007).

Segundo Mello-Théry, Cavicchioli e Dubreuil (2013), os variados estudos que se relacionam ao tema das mudanças climáticas se apresentam em três fases: a de identificação das causas físicas e as respostas desses processos; a de aprofundamento do conhecimento sobre os cenários e como divulgá-los; e, por fim, a de aplicação de experimentos em grande escala.

Freitas e Ambrizzi (2012), ao analisar os trabalhos defendidos na Universidade de São Paulo (USP), afirmam que já ocorrem discussões sobre as escalas do clima (a relação entre o local e o global e como se relacionam na dinâmica atmosférica), representando a gênese da discussão entre o aquecimento natural e o antrópico. Sobre isso, os autores alegam que as pesquisas que apresentam cenários futuros do clima mostram alterações nas diferentes escalas: na global, com as circulações médias, e na local, com alterações nos sistemas de tempo. Baseados nessas pesquisas, eles afirmam a presença da ação antrópica modificando a gênese dos climas locais, os quais, por sua vez, podem contribuir com as mudanças no clima global (Freitas; Ambrizzi, 2012).

Entretanto, ainda que exista um discurso predominante sobre o aquecimento global ocasionado pelas ações antrópicas do último século, outros pesquisadores, discordando de tais afirmações, apresentam outras teorias, baseadas, por exemplo, em estudos das eras geológicas, como os ciclos de Milankovitch, as manchas solares, as variações do albedo e os mecanismos de retroalimentação. Para entendermos o princípio dessas alegações, veremos brevemente no que consistem essas teorias.

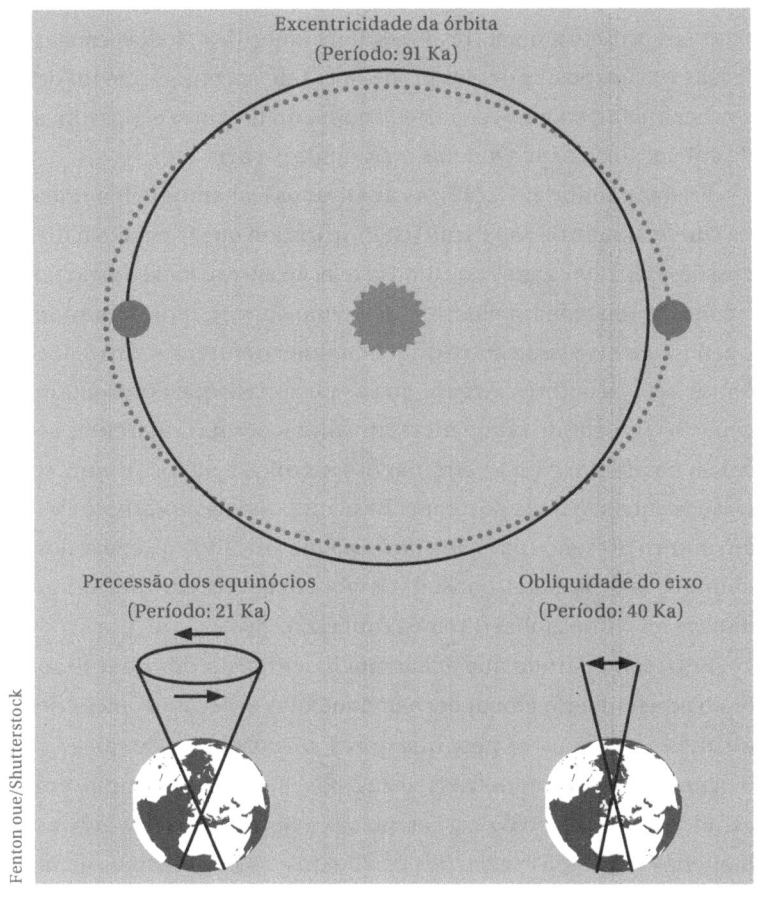

Figura 7.1 – Os ciclos de Milankovitch

Excentricidade da órbita
(Período: 91 Ka)

Precessão dos equinócios
(Período: 21 Ka)

Obliquidade do eixo
(Período: 40 Ka)

Fenton oue/Shutterstock

Fonte: Eyles, 1993, citado por Rocha-Campos; Santos, 2000, p. 244.

As variações no recebimento da radiação solar em períodos geológicos foram estudadas por Milankovich e apresentadas como resultados de três processos:

a. **inclinação axial**: refere-se à variação do eixo de rotação da Terra em relação ao plano da elíptica (plano da órbita terrestre em torno do Sol). O ângulo, hoje de 23,5°, oscila entre 24,5° e 21,5° a cada 41.000 anos (K anos);
b. **excentricidade da órbita terrestre**: a cada 91 K anos em média, a órbita da Terra passa de elíptica a circular;
c. **precessão dos equinócios**: causada pela oscilação do eixo da Terra, em razão da atração gravitacional da Lua e do Sol, configurando um cone, em média a cada 21 K anos. (Rocha-Campos; Santos, 2000, p. 244, grifo nosso)

A somatória dos fatores apresentados anteriormente pode representar os períodos de aquecimento e de resfriamento da Terra, sendo utilizada para explicar as eras glaciais.

A quantidade de radiação solar que incide na Terra também pode sofrer variação em função da energia e da atividade produzida pelo Sol devido às manchas solares – estudos indicam que estas podem variar em ciclos de onze anos (Oliveira, 2008). Já o albedo é representado pelo coeficiente de reflexão da superfície terrestre. De acordo com Oliveira (2008, p. 24), "o albedo médio da Terra [está] em torno de 30%, mas pode variar entre 90% e menos de 5%, dependendo da relatividade da superfície considerada. Superfícies cobertas de neve apresentam os mais altos valores de refletividade, enquanto florestas apresentam valores mínimos".

Os mecanismos de retroalimentação, por sua vez, são positivos quando contribuem para o aumento da temperatura – por exemplo, o vapor d'água na atmosfera, que contribui para o aquecimento devido à maior absorção da radiação solar. O albedo também tem papel importante, por representar as superfícies que refletem mais calor (como áreas de degelo, que passam a reter mais calor na superfície) (Oliveira, 2008). Para Oliveira (2008, p. 26):

> Os mecanismos de retroalimentação causados pelas nuvens podem ser positivos ou negativos, pois elas tanto refletem a radiação emitida pelo Sol, contribuindo para o albedo, como, por serem compostas de água e vapor d'água, absorvem a radiação emitida pela Terra, intensificando o efeito estufa.

Por fim, Oliveira (2008) argumenta sobre a radiação emitida pela Terra como um mecanismo de retroalimentação negativo, pois o resfriamento da superfície ocorre devido à perda de calor para a atmosfera.

Esses argumentos ilustram parte das teorias nas discussões sobre efeitos naturais no clima e, sendo assim, o grupo oposto à teoria aquecimentista antrópica foi intitulado *paradigma do aquecimento natural* ou, simplesmente, *variabilidade climática natural* (Zangalli Junior, 2013). Nele, destaca-se que o homem ainda está presente, mas com papel secundário na transformação das paisagens e, consequentemente, do clima, sendo que outros elementos são elencados como responsáveis pelas mudanças do clima na escala global (Zangalli Junior, 2013). Sendo assim, quando questionadas as alterações no clima na escala local, o homem é considerado seu grande modificador – constatações que são amplamente divulgadas pelos grupos de pesquisadores do clima urbano, nacional e internacionalmente.

O diferencial desse paradigma, como afirma Zangalli Junior (2013), consiste em entender a variabilidade climática mundial, não sendo possível, assim, determinar até que ponto o homem pode interferir no clima em níveis globais. Segundo o autor, a complexidade do clima está presente quando visualizamos o mosaico de tipos de clima e o somatório das escalas locais e regionais formando o cenário global (a soma das partes para representar o todo).

Para Molion (2008), ao analisar as emissões de CO_2 e outros GEEs, é possível constatar que o homem é responsável por apenas 3% dessas emissões, restando os outros 97% aos eventos naturais, atrelados aos oceanos, vegetação e solos. O autor ainda acrescenta que, ao analisar os registros históricos, as informações sobre períodos de maior aquecimento e de maior emissão dos GEEs não conferem: o período em que ocorreu maior aquecimento do planeta foi entre 1925-1946, quando as emissões do CO_2 eram inferiores; por outro lado, no período pós-Segunda Guerra Mundial, ocorreu aumento dessas emissões, mas o planeta apresentou resfriamento (Blank, 2015).

Com base nessas informações, podemos observar a dualidade nas discussões sobre a real causa do aquecimento global, porém, é preciso destacar que até no discurso sobre o aquecimento natural o homem surgiu como integrante do sistema e as pesquisas passaram a identificar com maior ênfase a influência humana nas alterações ambientais que, consequentemente, alteram o clima local.

A problemática consiste nas escalas geográficas do clima, pois os modelos de mudança climática atuam na escala global, que são limitantes para a compreensão dos outros níveis escalares (regionais e locais).

Corroborando essas discussões, ainda é necessário levar em consideração os impactos das mudanças climáticas. Para tanto, Mendonça (2010) chama a atenção para a heterogeneidade das repercussões nas sociedades, pois as consequências estão sendo e serão sentidas de formas diferenciadas nos diferentes ambientes do globo. O autor complementa discorrendo sobre a capacidade de adaptação dessas populações, devido a diversos fatores socioambientais atrelados e que se apresentam de maneira complexa nas sociedades. Nesse sentido, é perceptível a necessidade de maiores estudos, que passem da escala global, ampliando-se para as escalas regionais e locais, atendendo assim as particularidades socioambientais (Goudard; Paula, 2016; Goudard, 2016).

Para prosseguir, passaremos a evidenciar aspectos das políticas públicas e a governança na formulação de planejamentos voltados às mudanças climáticas.

7.4 Governança e mudanças climáticas

Foi no século passado que os impactos ambientais trouxeram à tona o papel do Poder Público na manutenção das sociedades e, consequentemente, na proteção ambiental. O primeiro grande encontro ocorreu no mês de junho de 1972, em Estocolmo, com a **Conferência das Nações Unidas sobre o Meio Ambiente Humano** (Cnumah), promovida pela Organização das Nações Unidas (ONU) (Mendonça, 2014).

A **Eco-92**, segunda conferência mundial, ocorrida no Rio de Janeiro, pode ser considerada um marco na discussão sobre os conflitos socioambientais mundiais, assumindo proporções de destaque tanto no meio acadêmico e político quanto no cotidiano das pessoas, que têm cada vez mais acesso às informações, via mídias e internet (Freitas; Ambrizzi, 2012).

Uma pauta importante da Eco-92 foi a relacionada aos princípios de responsabilidades diferenciadas, na qual os países mais industrializados, ou seja, que emitem mais GEEs, deverão ter as maiores obrigações para a minimização dos impactos ao meio ambiente. Vale ressaltar que, em alguns casos, predominou a ênfase econômica, visto que diminuir as emissões também diminuiria, inicialmente, a produção industrial – esse é o caso do governo dos Estados Unidos, que não aceitou essa prerrogativa (Mendonça, 2014).

Outro marco importante se refere à primeira Conferência das Partes, conhecida como *COP1*, ocorrida em 1995 na cidade de Berlim. Essa conferêcia teve como objetivos avançar nas discussões iniciadas na Eco-92 e formular acordos internacionais para as emissões dos GEEs. A sequência do evento ocorreu no ano de 1996, em Genebra (Suíça), e em 1997, na cidade de Quioto (Japão), onde foi elaborado o Protocolo de Kyoto (Mendonça, 2014).

Após esses encontros foram surgindo maiores discussões sobre o papel da governança e ações para o controle dos impactos ambientais. Freitas e Ambrizzi (2012) salientam que o acesso às informações tem proporcionado maiores reflexões sobre os eventos meteorológicos extremos, que ocasionam maiores problemas e danos socioambientais e que são, em sua maioria, diretamente relacionados às mudanças climáticas – como aumento de registros de tornados e furacões, secas prolongadas, inundações e deslizamentos de encostas.

A fim de minimizar os impactos ambientais e adotar planejamentos voltados aos problemas esperados para este século, pesquisadores apresentam duas posturas necessárias: mitigação e adaptação.

A **mitigação** surge como mecanismo para atacar a fonte do problema das mudanças climáticas (relacionada ao aquecimento antrópico), ou seja, reduzir as emissões dos gases que intensificam o efeito estufa; enquanto as **ações adaptativas** são aquelas que tentam minimizar os impactos gerados pelas mudanças climáticas e produzir alternativas para suportá-los, levando em consideração um cenário consolidado de alterações ambientais e os problemas já identificados em determinadas localidades (Barbieri; Viana, 2013).

As discussões sobre a mitigação e a adaptação passaram a fazer parte dos planejamentos políticos e ganharam força nos últimos relatórios produzidos pelo IPCC. Porém, o conceito de adaptação nem sempre esteve presente nos resultados apresentados pelo grupo: no primeiro relatório, o conceito não apareceu; no segundo, surgiu em títulos, mas não no desenvolvimento dos conteúdos; e só ganhou força no terceiro relatório, publicado no ano de 2001 (Mello-Théry; Cavicchioli; Dubreuil, 2013).

A partir do quarto relatório realizado pelo IPCC (2007), os conceitos de adaptação e mitigação foram apresentados e diferenciados, levando em consideração suas possibilidades de aplicação. Além disso, tendo em vista o cenário de impactos e alterações ambientais, sobretudo nas temperaturas médias globais, a noção de adaptação passou a ser tratada como indispensável para conter os efeitos imediatos nas sociedades (Mello-Théry; Cavicchioli; Dubreuil, 2013).

É importante mencionar que as medidas de mitigação e adaptação são direcionadas aos diferentes agentes nas mudanças climáticas e, nesse sentido, é imprescindível a integração de ambas, levando em consideração que, apesar de os focos de atuação e os tempos de respostas serem diferenciados, eles podem proporcionar a diminuição dos impactos socioambientais (Goudard; Paula, 2016).

O cenário político têm se apropriado das discussões sobre mitigação e adaptação, delegando aos representantes locais a função de implantar ações que representem as necessidades locais, haja vista que, na esfera federal, as preocupações são macroeconômicas e pouco eficientes para sanar os problemas locais (Mello-Théry; Cavicchioli; Dubreuil, 2013).

Algumas reflexões importantes sobre as políticas e as ações para minimizar os impactos nas sociedades são apresentadas por Abramovay (2012), ao relatar que o tema mudanças climáticas apareceu de modo superficial no documento inicial para a Rio+20 – evento ocorrido no Rio de Janeiro em 2012, 20 anos após o primeiro encontro, a Eco-92. Seguindo nessa linha de pensamento, Blank (2015) complementa que, apesar da evolução nas discussões sobre a problemática ambiental, a Rio+20 apresentou-se com pouca alteração prática, sendo o centro da discussão as ações de planejamento na esfera global a partir de ações nas esferas locais.

Ainda sobre a Rio+20, segundo Abramovay (2012), o documento não expressa duas grandes problemáticas atuais – as desigualdades e os limites para a manutenção das sociedades –, acabando por se contrapor, por exemplo, aos resultados apresentados pelas Nações Unidas em 2011, os quais demonstram que o modelo atual de desenvolvimento da economia global é incompatível com a preservação dos ecossistemas e, consequentemente, com a manutenção da vida e das sociedades. Abramovay (2012) ressalta, porém, que existem pontos positivos, como a luta para erradicar a fome e a pobreza, o foco no planejamento de cidades sustentáveis, com melhorias nos sistemas de comunicação e transporte, além da ênfase nos próprios assentamentos humanos – aspectos que, de certa forma, refletem a preocupação com os grupos mais vulneráveis aos efeitos das mudanças climáticas.

Vimos até aqui dois aspectos importantes na governança que preconizam a prevenção dos impactos ambientais: as práticas para o desenvolvimento sustentável e as políticas de mitigação para as mudanças climáticas. Ambos devem ser reforçados para amenizar as consequências do aquecimento global, principalmente no que diz respeito ao uso de energias alternativas menos impactantes e que dispensam a queima de combustíveis fósseis (IPCC, 2013; Blank, 2015).

Muitas alternativas passaram a ser pensadas e os resultados na esfera ambiental puderam ser observados com as publicações do 4º Relatório do IPCC. Sobre isso, Blank (2015) destaca que, neste último, foi apresentada pela primeira vez a preocupação com a cobertura vegetal original, sobretudo pelo crescente desmatamento. As emissões dos GEEs em áreas florestais aumentaram 40% entre os anos de 1970 e 2004, demonstrando a dimensão do problema e se tornando mais uma frente para a mitigação.

No 4º Relatório (IPCC, 2007) também foram apresentadas as primeiras preocupações com a mudança de postura das sociedades. Nessa publicação, o IPCC apresentou a discussão sobre o padrão de vida e de consumo adotado nos últimos anos e como este é importante para o entendimento das necessidades atuais de energia, transporte etc., que impactam diretamente na qualidade de vida das populações.

Esses fatos também são reforçados por Mello-Théry, Cavicchioli e Dubreuil (2013) ao abordarem a percepção dos problemas ambientais, que ultrapassa o debate público e político, por se tratar de uma questão de mudança de postura, tanto de populações como de alguns setores da vida econômica contemporânea. Com essas discussões, que pretendem aliar desenvolvimento e conservação da biodiversidade, foram criados investimentos em pesquisa e técnicas de produção para uma economia verde; porém, são aspectos que ainda dividem opiniões e que perpassam por escolhas que envolvem, sobretudo, o capital (Mello-Théry; Cavicchioli; Dubreuil, 2013).

7.4.1 Brasil: os impactos ambientais e a governança para as mudanças climáticas

Já vimos anteriormente uma série de ocasiões em que o Brasil esteve envolvido na promoção de políticas ambientais. Nesse momento, passaremos a destacar alguns resultados sobre a problemática ambiental no Brasil e as mudanças climáticas que foram apresentados pelo IPCC em seus relatórios globais, de forma mais geral, e pelo Painel Brasileiro de Mudanças Climáticas (PBMC), no primeiro relatório de avaliação nacional, publicado no ano de 2014.

Segundo o IPCC (2007), o grande vilão nas emissões dos GEEs no Brasil é o desmatamento. De acordo com esse relatório, o Brasil tem aparecido como o quarto maior emissor dos GEEs no mundo, sendo que 62% desse total são resultados do crescente desmatamento dos últimos anos. Os pesquisadores ainda afirmam que as políticas de mitigação brasileiras deveriam coibir essa prática, sobretudo na região dos trópicos, o que evitaria a maior parte dos problemas locais (Blank, 2015).

Ainda sobre os relatórios do IPCC, o 5º relatório (IPCC, 2013) demonstra preocupação com a Amazônia, alegando que seus rios podem apresentar mudanças no fluxo. As ações antrópicas, a perda de biodiversidade de plantas pelas queimadas, os riscos à manutenção das aldeias indígenas – em consequência da intensa degradação ambiental – e a perda de água potável são exemplos de fatos que remetem à fragilidade socioambiental devido aos impactos ambientais (Blank, 2015).

Quanto aos mecanismos de ação das políticas ambientais, em 2009 foi criado o PBMC, que "é um organismo científico nacional criado pelos Ministérios da Ciência e Tecnologia e do Meio Ambiente, e instituído pela **Portaria Interministerial MCT/MMA** nº 356, de 25 de setembro de 2009" (PBMC, 2018, grifo do original), com o intuito de elaborar diagnósticos e planejamentos em escala nacional.

Outros programas nacionais posteriores foram destacados por Mello-Théry, Cavicchioli e Dubreuil (2013, p. 165) em quatro linhas de ação:

> o plano de ação para prevenção e controle do desmatamento e queimadas no Cerrado-PPCerrado (2009); o projeto MDL de florestas e recuperação de áreas degradadas (2010); o programa agricultura de baixa emissão de carbono (2010-2011) e um projeto estratégico que promove atividades de acompanhamento das negociações internacionais no âmbito da convenção-quadro de mudanças climáticas – Clima e negociações internacionais (iniciado em 2011).

Mais recentemente, no ano de 2014, foi publicado o primeiro Relatório de avaliação nacional, em três volumes que apresentam resultados dos pesquisadores em três grupos de trabalho (baseados nos grupos do IPCC): o grupo 1 se dedica ao estudo dos sistemas climáticos mundiais e à avaliação das mudanças do clima; o grupo 2 avalia os efeitos ocasionados pelas mudanças climáticas tanto na natureza quanto nas sociedades; e, por último, o grupo 3, que discute os mecanismos de adaptação e mitigação das mudanças climáticas mundiais (PBMC, 2014a, 2014b, 2014c).

Basicamente, os pesquisadores utilizam uma série de modelos matemáticos para elaborar cenários futuros com ênfase nas mudanças climáticas. Sobre isso, o PBMC (2014a) salienta que é extremamente difícil mensurar valores para emissões dos GEEs, tendo em vista que estão associados às ações antrópicas, e a mudança de postura na base energética poderia diminuir consideravelmente os registros. Sendo assim, para aumentar a confiabilidade das informações sobre os GEEs, são utilizados conjuntos de modelos climáticos, razão por que os relatórios destacam diferentes cenários.

Em síntese, todos os cenários que visualizaram o comportamento das temperaturas médias apresentaram tendência ao clima mais quente; porém, em relação à precipitação, não ocorreu a mesma sintonia, pois diferentes modelos encontraram resultados contrários (PBMC, 2014a).

> Em termos gerais para o Brasil as regiões mais afetadas seriam a Amazônia e o Nordeste Brasileiro, em processos relacionados com o provável enfraquecimento da célula de Hadley no Hemisfério Norte (ocasionando uma ZCIT mais ao norte, já que o gradiente de temperatura neste hemisfério diminuiria) e aumento da concentração de vapor de água atmosférico na região equatorial. (PBMC, 2014a, p. 329)

Os três volumes apresentados pelo PBMC apresentam uma quantidade de informações que não poderiam ser retratadas profundamente neste capítulo. Sendo assim, passaremos a apresentar de forma sintética alguns pontos relevantes desses documentos.

Quadro 7.2 – Cenários para temperatura e precipitação por região brasileira

Local/Região	Até 2040	2041 até 2070	Até 2100
Amazônia	Aumento da temperatura entre 1 °C e 1,5 °C e diminuição do volume de chuvas de até 30%	Aumento da temperatura entre 3 °C e 3,5 °C, com redução de até 45% do volume de chuvas	Aumento da temperatura entre 5 °C e 6 °C e redução do volume de chuvas entre 40% e 45%
Caatinga	Aumento da temperatura entre 0,5 °C e 1 °C e diminuição das precipitações entre 10% e 20%	Aumento da temperatura entre 1,5 °C e 2,5 °C e diminuição das precipitações entre 25% e 35%	Aumento da temperatura entre 3,5 °C e 4,5 °C e diminuição das precipitações entre 40% e 50%
Cerrado	Aumento de 1 °C na temperatura superficial e diminuição das precipitações entre 10% e 20%	Aumento da temperatura entre 3 °C e 3,5 °C e diminuição das precipitações entre 20% e 35%	Aumento da temperatura entre 5 °C e 5,5 °C e diminuição das precipitações entre 35% e 45%
Pantanal	Aumento de 1 °C na temperatura e diminuição das precipitações entre 5% e 15%	Aumento da temperatura entre 2,5 °C e 3 °C e diminuição das precipitações entre 10% e 25%	Aumento da temperatura entre 3,5 °C e 4,5 °C e diminuição das precipitações entre 35% e 45%
Regiões Sul e Sudeste	Aumento da temperatura entre 0,5 °C e 1 °C e aumento das precipitações entre 5% a 10%	Aumento da temperatura entre 1,5 °C e 2 °C e aumento das precipitações entre 15% a 20%	Aumento da temperatura entre 2,5 °C e 3 °C e aumento das precipitações entre 25% a 30%

Fonte: Elaborado com base em PBMC, 2014a, 2014b.

Por meio desses exemplos, podemos visualizar um cenário de grandes mudanças ambientais. Em relação à Amazônia e ao Cerrado, a diminuição das precipitações implicará grande perda da biodiversidade, enquanto que nas Regiões Sul e Sudeste ocorrerá o inverso, com o aumento dos índices de precipitação.

Sobre esse assunto, Marengo (2008) salienta a preocupação com os recursos de água do Brasil. Segundo o autor, o risco não incide apenas sobre as mudanças climáticas, pois, nos últimos dez anos, ocorreram casos de secas acentuadas no Nordeste, na Amazônia, no Sul e no Sudeste, devido à variabilidade climática, as quais foram responsáveis por grandes problemas socioambientais.

Após essas constatações, ressaltamos o papel das políticas públicas e do planejamento ambiental na busca por alternativas menos impactantes e na criação de subsídios para populações menos favorecidas.

7.5 Considerações

Mediante as discussões apresentadas, ficou evidente que o aquecimento global se tornou uma problemática determinante nas sociedades, exercendo influência nas políticas públicas e dividindo opiniões no âmbito da pesquisa científica. Ao final dessa discussão, acreditamos que boa parte da disputa entre diferentes abordagens foi absorvida em função dos impactos registrados e do avanço nas pesquisas.

Giddens (2010), como vimos, apresentou uma importante realidade sobre o aquecimento antrópico, e opiniões contrárias sobre o assunto se tornaram grande fonte de saber – uma vez que pesquisadores buscaram comprovar suas teorias sobre a existência, ou não, do aquecimento antrópico –, fortalecendo o papel da ciência em encontrar respostas para os problemas atuais. O autor ainda complementa que as mídias têm papel fundamental no debate e que muitas vezes se tornam negativas por associarem de forma errônea os eventos da variabilidade climática com as discussões sobre as mudanças climáticas, por exemplo.

Evidenciamos que o homem está inserido em ambas as abordagens – tanto na abordagem "aquecimentista antrópica" quanto naquela relacionada ao "aquecimento natural", ora como principal ator, ora como papel secundário – e que os resultados das pesquisas passaram a evidenciar com maior ênfase a ação antrópica associada às alterações nas dinâmicas atmosféricas.

Nesse sentido, com base nos últimos relatórios apresentados pelo IPCC, foi possível identificar que o cerne da atual discussão está na atribuição das responsabilidades locais, levando em consideração as ações de mitigação e de adaptação, definindo as principais áreas de risco e voltando a atenção às populações mais vulneráveis, por meio da manutenção do meio ambiente e da seguridade social.

Todos esses fatos influenciam na gestão socioeconômica, acarretando outros processos, como a "maior competitividade entre os diversos segmentos sociais na disputa por lugares menos vulneráveis e [...] investimentos na capacitação de seus técnicos e da população em geral" (Mello-Théry; Cavicchioli; Dubreuil, 2013, p. 13), o que evidencia a complexidade do tema e a necessidade de avanços na ciência e nas políticas públicas globais e locais.

Síntese

No início deste capítulo, apresentamos discussões sobre o efeito estufa e os gases responsáveis pelo seu aumento – e, consequentemente, pela retenção de calor e pelo aquecimento da superfície da Terra. Esses temas são a base da discussão sobre as mudanças climáticas.

Tratamos também da questão da dualidade entre as opiniões sobre as reais causas do aquecimento, apresentando vertentes de grupos que acreditam no aquecimento antrópico e, em contrapartida, os que defendem o aquecimento como recorrência natural. Essas teorias são importantes para compreendermos as variáveis que são utilizadas na geração dos cenários apresentados para as sociedades e utilizados nas políticas públicas.

Na sequência, discutimos os assuntos referentes aos avanços na gestão e no desenvolvimento de políticas ambientais para minimizar os impactos ambientais, apresentando os principais eventos mundiais e sua importância nas últimas décadas.

Por fim, definindo o Brasil como escala de análise, identificamos os principais eventos ocorridos e os resultados apresentados tanto pelo IPCC, em escala global, quanto pelo PBMC, em escalas local e regional, analisando os cenários nacionais com o objetivo de subsidiar as políticas públicas do país.

Indicações culturais

Documentários

CHASING Ice. Direção: Jeff Orlowski. EUA, 2012. 80 min.

Documentário sobre o aquecimento global traduzido para o português como "Perseguindo o gelo" e produzido por James Balog, um fotógrafo que passou a registrar imagens de vários locais pelo globo para demonstrar os impactos das mudanças climáticas.

THE 11th HOUR. Direção: Nadia Conners e Leila Conners. EUA, 2007. 92 min.

Documentário traduzido para o português como "A última hora", produzido em 2007 por Leonardo de Caprio e outros ativistas preocupados com o meio ambiente. Nele são questionadas as ações sobre o meio ambiente, inclusive sobre as mudanças climáticas.

Filme

THE AGE of Stupid. Direção: Franny Armstrong. Reino Unido, 2009. 89 min.

Filme de 2009 dirigido por Franny Armstrong e produzido por Lizzie Gillett, traduzido para o português como "A era da estupidez". Nele é retratada a história do planeta no ano de 2055: uma realidade devastadora na qual o homem sofre os impactos do mau uso dos recursos naturais.

Atividades de autoavaliação

1. Considerando as escalas geográficas do clima e as mudanças climáticas, o efeito estufa e os agentes causadores do aquecimento global, assinale V para as afirmativas verdadeiras F para as falsas.
   ( ) Considerando as informações presentes no capítulo, o efeito estufa, a longo prazo, elevará a temperatura de 1,8 °C até 4 °C, porém, para o ano de 2100, não irá promover grandes alterações naturais.
   ( ) Considerando os processos desencadeadores das alterações do clima, para Sant'anna Neto (2008) existem três escalas espaciais climáticas: global, regional e local, e em todas elas o homem faz parte da gênese da variabilidade climática.
   ( ) Gases do efeito estufa são essenciais para a manutenção do clima e a vida na superfície da Terra; quando os registros desses gases apontam para um nível elevado de emissão na atmosfera, causam preocupação.

( ) Os estudos apontados pelo Intergovernmental Panel on Climate Change (IPCC), por meio de cenários de simulação do clima futuro, afirmam que não existe relação entre a variabilidade climática natural da Terra e o aquecimento global, pois quando as informações são aplicadas a modelos computacionais, não apresentam o real aquecimento.
( ) As emissões dos gases do efeito estufa no Brasil pouco têm a ver com o desmatamento.

Agora, assinale a alternativa que apresenta a sequência correta:
a) F, F, V, V, F.
b) F, V, F, V, F.
c) V, V, F, F, F.
d) V, V, V, V, F.

2. Considerando as diferentes visões sobre o aquecimento global, assinale V para as afirmativas verdadeiras F para as falsas.
   ( ) Os ciclos de Milankovitch são variações da radiação solar que estão relacionadas com períodos de aquecimento, apenas, da Terra.
   ( ) Na teoria de variabilidade climática natural, a interferência antrópica está presente, mas com papel secundário na transformação das paisagens e, consequentemente, do clima.
   ( ) O albedo é o índice de refletividade terrestre; quanto menor o albedo, maior é a absorção das radiações solares e, quanto maior o albedo, menor a absorção da radiação na superfície. Áreas cobertas por neve apresentam os mais altos valores de refletividade, enquanto florestas apresentam valores mínimos.
   ( ) Considerando os impactos das mudança climáticas e as diferentes formas que esses impactos serão sentidos em diferentes lugares da Terra, apenas estudos em escala

global se fazem importantes e necessários, já que são impactos globais.

( ) O ciclo de Milankovitch é o resultado da atuação das mudanças nas inclinações do eixo terrestre, variações na excentricidade da órbita terrestre e movimentos de precessão do eixo terrestre. É relacionado à quantidade de radiações solares que atingem a superfície da Terra, alterando esse número.

Agora assinale a alternativa que apresenta a sequência correta:
a) V, V, V, V, V.
b) F, F, F, F, F.
c) F, V, V, F, V.
d) F, F, V, F, V.

3. Quanto às práticas pensadas para diminuir os impactos ambientais, como mitigação e adaptação, assinale V para as afirmativas verdadeiras e F para as falsas.

( ) Tanto a mitigação quanto a adaptação visam à redução, apenas, dos gases responsáveis pelo aumento do efeito estufa.

( ) As medidas de mitigação e de adaptação apontam meios que visam reverter os impactos ambientais causados pelo efeito estufa apenas, sendo imprescindível a integração de ambas.

( ) As medidas de mitigação e de adaptação sempre fizeram parte dos planejamentos políticos e destacadas em todos os relatórios do IPCC, porém, a partir do 4º relatório, elas foram diferenciadas.

( ) O cenário político das ações de planejamento tem se apropriado das discussões sobre mitigação e adaptação, delegando aos representantes locais a função de implantar ações que representem as necessidades locais.

( ) Foi apenas no 4º relatório do IPCC que os conceitos de adaptação e mitigação são diferenciados considerando suas possíveis aplicações.

Agora, assinale a alternativa que apresenta a sequência correta:
a) V, V, V, F, F.
b) F, F, F, V, V.
c) F, V, F, V, F.
d) V, F, V, F, V.

4. Considerando o tema "Brasil: os impactos ambientais e a governança para as mudanças climáticas", assinale a alternativa **incorreta**:
   a) Dados do IPCC apontam que o Brasil deve conter o desmatamento, principalmente nos trópicos, evitando assim a maior parte do problema de emissão dos gases do efeito estufa.
   b) De acordo com o 5º relatório do IPCC, os impactos ambientais não têm nenhuma relação com os efeitos antrópicos na região amazônica.
   c) O Painel Brasileiro de Mudanças Climáticas (PBMC) tem o intuito de elaborar diagnósticos e planejamentos em escala nacional.
   d) Segundo os pesquisadores, as ações antrópicas, a mudança na postura e na base energética podem diminuir os impactos no Brasil, sendo utilizados modelos climáticos para maior confiabilidade dos registros.

5. Considerando as escalas geográficas do clima, segundo Sant'Anna Neto (2003), assinale a alternativa **incorreta**:
   a) De acordo com os processos desencadeadores de alterações do clima, a mudança (variando de séculos até milhões

de anos) é apenas na escala global e não apresenta relação com ações antrópicas.

b) A escala local tem ligação com o ritmo climático e reflete nos aspectos socioeconômicos.

c) A escala regional apresenta tanto transformações de ordem natural quanto antrópicas e séria variabilidade climática.

d) De acordo com a classificação do autor, as ações antrópicas são responsáveis pelas mudanças climáticas.

Atividades de aprendizagem

Questões para reflexão

1. Explique o que são as medidas de mitigação e de adaptação. Exemplifique-as.

2. Escreva, de acordo com o levantamento do PBMC, quais serão as principais mudanças previstas para a Amazônia e as Regiões Sul e Sudeste.

Atividade aplicada: prática

1. Quando o assunto são as mudanças climáticas, são observadas discussões que apontam a relação do meio antrópico com o aquecimento global. Pesquise dois artigos que demonstrem essa dualidade.

8
Pesquisa e ensino em climatologia

Thiago Kich Fogaça

Neste último capítulo, discustiremos as pesquisas na área da climatologia brasileira, identificando aspectos de sua origem e os principais grupos de pesquisa na área atualmente. Na sequência, passaremos à análise do ensino de climatologia – que, por hierarquia, representa ramos da pesquisa em âmbito nacional que são aplicados nos materiais didáticos na educação básica – a fim de explanar o modo como ocorre a ponte entre pesquisa e ensino no país.

8.1 A pesquisa em climatologia: primeiras aproximações

Em vários momentos desta obra, apresentamos as relações entre o clima e as sociedades como condições para a sobrevivência das populações. É possível observar esse contexto também em rotinas diárias, no transporte, no turismo, na produção de alimentos e na agropecuária; nesse sentido, o ser humano passou a utilizar tecnologias para, em microescala, tentar controlar o clima (Fialho, 2007).

Fialho (2007) chama a atenção para o fato de que a falsa sensação de controle sobre o clima deixa as populações vulneráveis aos efeitos que ocorrem em macroescala, como desequilíbrios originados pela radiação solar, expressivos nos registros de desastres ambientais. "O interesse pela questão do controle do clima é grande, pois a humanidade já conseguiu incorporar a natureza em todas as escalas, quanto aos aspectos simbólicos, políticos e culturais, não havendo um só trecho do planeta que não esteja sob controle do homem moderno [...]" (Fialho, 2007, p. 109).

O desenvolvimento do conhecimento científico sobre os climas e suas implicações nas sociedades tornou-se mais expressivo a partir do século XX, atrelado ao desenvolvimento tecnológico. No entanto, para discutirmos sobre a pesquisa em climatologia, precisamos apresentar um breve contexto a respeito do envolvimento de instituições nacionais na instalação das primeiras estações meteorológicas do país.

Segundo Vianello (2011, p. 14), "No Brasil, os primeiros esforços nesse sentido ocorreram ainda no século XVII, com a chegada dos holandeses no Nordeste e a implantação das primeiras Estações em Olinda". Sobre isso, Ely (2006) argumenta que as estações foram, primeiramente, vinculadas ao Observatório Nacional, com respaldo da Repartição-Central Meteorológica da Marinha e do Instituto Histórico e Geográfico Brasileiro (IHGB). Vianello (2011) complementa que foi a partir do ano de 1862 que a Marinha brasileira começou a registrar dados meteorológicos de forma sistemática, mas Ely (2006) frisa que a coleta de dados não ocorria em todas as localidades brasileiras.

Como resultado de um processo de industrialização e investimento em tecnologias, muitas técnicas foram importadas e absorvidas conforme eram disseminadas pelo país. Nesse sentido, os geógrafos também passaram por processos de apropriação dessas técnicas e adquiriram espaço nas pesquisas atmosféricas. Ao refletir sobre isso, Ely (2006) argumenta que os estudos de cunho geográfico do IHGB possibilitaram o mapeamento de características físicas da paisagem, entre elas o clima. Consequentemente, com a evolução das pesquisas, ocorreu a instalação de postos meteorológicos, chegando ao número de 40 postos e estações em São Paulo no ano de 1900.

Pesquisadores europeus e americanos influenciaram o desenvolvimento de estudos climáticos no Brasil. Sobre isso, Ely (2006) afirma que Henrique Morize, influenciado por físicos e matemáticos estrangeiros, impulsionou os estudos climáticos no Rio de Janeiro, culminando na publicação do *Esboço da climatologia do Brasil*, em 1891. Nessa obra, Morize utilizou séries de dados temporais para compreender a variabilidade climática brasileira e propor uma classificação de climas para o Brasil (Ely, 2006).

Até a primeira metade do século XIX, os estudos em climatologia pautavam-se em breves descrições do território brasileiro; porém, após a criação da Diretoria de Meteorologia e das Comissões Geográficas e Geológicas, passaram a abordar correlações entre as diferentes altitudes e vegetações e as variações térmicas e barométricas (Ely, 2006). Já no século XX, docentes da Universidade de São Paulo (USP) e da Universidade do Brasil (Rio de Janeiro) e técnicos do Instituto Brasileiro de Geografia e Estatística (IBGE) trabalharam aspectos da climatologia e da meteorologia; esses trabalhos passaram a abordar aspectos do clima do Brasil e deram subsídios ao planejamento territorial (Ely, 2006).

Outro marco importante foram as pesquisas do professor Carlos Augusto de Figueiredo Monteiro (1976), já apresentadas no Capítulo 5. Segundo Zanella e Moura (2013, p. 76),

> a abordagem de Monteiro (1976) trouxe essa preocupação ao propor o Sistema Clima Urbano (S.C.U), a partir do estudo das três áreas de aplicação tratadas dentro de uma abordagem sistêmica e de percepção, a saber: o subsistema termodinâmico (conforto térmico), o físico-químico (qualidade do ar) e o hidrometeórico (impacto pluvial), o que culminou na realização de inúmeros estudos nas diferentes regiões brasileiras.

A importância de Monteiro para a climatologia brasileira também foi discutida por Ely (2006), que, ao analisar as teses e dissertações produzidas na área de climatologia entre os anos de 1944 e 2003, constatou o método apresentado por Monteiro nas pesquisas publicadas no Brasil, afirmando que "a climatologia geográfica brasileira discute e tenta seguir os preceitos metodológicos monterianos na implementação de estudos de caso, de análises episódicas, rítmicas e de clima urbano [...]" (Ely, 2006, p. 176).

Para prosseguir com a discussão sobre o avanço das pesquisas em climatologia no país, passaremos a tratar dos registros de grupos de pesquisas e as principais temáticas abordadas nas pesquisas dos últimos anos, a fim de entender o direcionamento dos pesquisadores e o modo como os resultados obtidos podem interferir no ensino.

8.1.1 Grupos de pesquisa em climatologia no Brasil

Com o objetivo de apresentar uma visão geral sobre a pesquisa em climatologia no Brasil, analisamos os grupos de pesquisas registrados no Conselho Nacional de Desenvolvimento Científico e Tecnológico (CNPq) em 2017.

Até o mês de julho de 2017, o Brasil tinha 201 grupos de pesquisa em climatologia, distribuídos em 23 áreas de conhecimento, conforme apresenta a tabela a seguir.

Tabela 8.1 - Grupos de pesquisa registrados no CNPq por área de conhecimento, ano de 2017

Áreas de conhecimento	Número de grupos
Agronomia	35
Arquitetura e urbanismo	5
Ciência da computação	3
Ciências ambientais	2
Ecologia	4
Engenharia agrícola	10
Engenharia civil	8
Engenharia de produção	1
Engenharia mecânica	2
Engenharia sanitária	4
Física	1
Geociências	68
Geografia	17
História	1
Medicina veterinária	3
Oceanografia	5
Planejamento urbano e regional	1
Probabilidade e estatística	3
Química	1
Recursos florestais e engenharia florestal	7
Sociologia	1
Zoologia	1
Zootecnia	18
Total	**201**

Fonte: Elaborado com base em CNPq, 2018.

Podemos observar, pelos dados da tabela, que existem muitas áreas do conhecimento relacionadas aos estudos de climatologia. Alguns grupos, como as geociências, as engenharias, a oceanografia, a zootecnia e o planejamento urbano e regional, discutem aspectos ambientais e estabelecem relações diretas com a climatologia. Outros, no entanto, necessitam de análises mais aprofundadas para a compreensão dessas relações. Sobre esse assunto, Fialho (2010) argumenta que profissionais e pesquisadores não geógrafos utilizam-se da climatologia e publicam resultados embasados em análises de elementos climáticos, porém sob vieses diferentes dos da geografia, demonstrando seu caráter multidisciplinar.

Com base nas informações sobre os 17 grupos da área de geografia (Tabela 8.1), obtivemos a distribuição de pesquisa por estados, apresentada na tabela a seguir.

Tabela 8.2 – Número de grupos por estado, com ênfase em climatologia e geografia

Estado	Número de grupos
Ceará	1
Goiás	1
Minas Gerais	1
Mato Grosso do Sul	1
Mato Grosso	1
Paraíba	2
Piauí	2
Paraná	3
Rio de Janeiro	1
Rio Grande do Norte	1
Roraima	1
São Paulo	2
Total	**17**

Fonte: Elaborado com base em CNPq, 2018.

A maioria dos grupos registrados no CNPq está vinculada aos programas nacionais de graduação e pós-graduação, porém, é demasiadamente complexo avaliar a importância de cada grupo de pesquisa, e não nos cabe, nesta obra, fazer tal avaliação. Sendo assim, para ilustrar o cenário de produção científica nacional, optamos pela análise das dissertações e teses defendidas no país encontradas no catálogo de teses e dissertações da Coordenação de Aperfeiçoamento de Pessoal de Nível Superior – Capes (2018).

Durante a coleta de dados, foram encontrados 237 trabalhos com os temas climatologia e geografia, divididos em 138 dissertações e 99 teses publicadas entre os anos de 1991 e 2016. A análise ocorreu por meio da classificação do teor das pesquisas: os trabalhos que se relacionam diretamente com a climatologia totalizaram 125; já os demais, 112, são de áreas multidisciplinares, como geomorfologia e biogeografia.

Como mencionado anteriormente, Ely (2006) elaborou uma pesquisa mais aprofundada utilizando a análise das dissertações e teses no período de 1944 a 2003. Em sua tese, a autora constatou a presença de 152 trabalhos relacionados à climatologia e analisou-os conforme a origem da instituição do pesquisador, a área de abrangência, a escala geográfica e o campo de atuação, entre outros. Os principais resultados encontrados pela autora demonstram que naquele período já se apresentavam mais trabalhos sobre o clima urbano.

> O estudo geográfico do clima, a partir desse universo de análise, é desenvolvido a partir de cinco recortes temáticos principais: clima urbano, variabilidade pluvial, o clima na análise ambiental e da paisagem, modelagem estatística em climatologia e teoria e método da climatologia; pautados na concepção de natureza dinâmica-sistêmica. (Ely, 2006, p. 7)

Em outro momento, Fialho (2010) analisou os trabalhos publicados pelos pesquisadores nos Simpósio Brasileiro de Climatologia Geográfica (SBCG), entre os anos de 1992 a 2008, e classificou-os pelos elementos climáticos abordados. Entre os resultados encontrados, surgiram algumas preocupações, como a ausência de trabalhos de pesquisadores dos programas de pós-graduação brasileiros, o que indica, segundo o autor, riscos à continuidade das pesquisas em climatologia. Após essas constatações, Fialho (2010, p. 209) questiona: "[a)] O que isto reflete? A falta de candidatos para os cursos de pós-graduação? b) Há um desinteresse pela temática: clima; c) Ou será que ainda existem poucos profissionais habilitados a orientar pesquisas na área de climatologia nos programas de pós-graduação no Brasil?".

Com base na abordagem utilizada pelos autores citados, identificamos a escala espacial dos trabalhos em climatologia apresentados anteriormente (125 trabalhos de 1991 a 2016) (Gráfico 8.1).

Gráfico 8.1 – Gráfico com a distribuição dos 125 trabalhos em climatologia registrados na Capes de 1991 a 2016

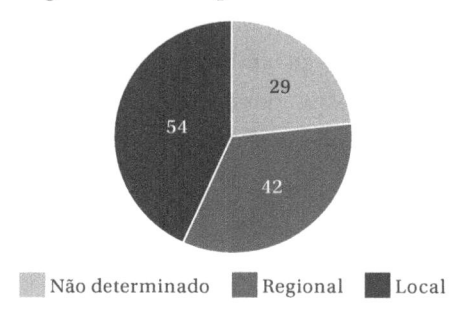

Não determinado: 29
Regional: 42
Local: 54

Fonte: Elaborado com base em Capes, 2018.

Os dados informados como "Não determinados" correspondem aos trabalhos com temáticas gerais, sem especificação de escala espacial e, muitas vezes, de caráter bibliográfico. Os trabalhos que remetem aos objetos de estudo bem-delimitados, como cidades e bacias hidrográficas, foram reunidos em "Local", e os trabalhos que extrapolam a escala das cidades, em "Regionais". Podemos notar, ao observar o Gráfico 8.1, maior presença de trabalhos locais, porém também faremos a distinção dos trabalhos classificados como "regionais".

Primeiramente, vale ressaltar que os trabalhos foram reclassificados mediante a temática principal dos estudos, sendo as temáticas: Temperatura, Precipitação, Poluição do ar e Temas gerais.

Lima, Pinheiro e Mendonça (2012) reuniram e analisaram, com base na metodologia apresentada por Monteiro (1976), os trabalhos sobre clima urbano realizados entre os anos de 1990 e 2010. Os pesquisadores concluíram que, naquele período, registraram-se mais pesquisas sobre o subsistema termodinâmico proposto por Monteiro, tendo como objeto de estudo as grandes cidades e regiões metropolitanas. Neste capítulo, não aprofundaremos a discussão sobre os subsistemas propostos por Monteiro, mas identificamos, na Tabela 8.3, a ênfase dada aos trabalhos locais e regionais encontrados entre os anos de 1991 e 2016.

Tabela 8.3 – Divisão dos trabalhos em escalas regional e local pelos canais de percepção em climatologia – 1991-2016

Temática	Mestrado	Doutorado	Total
Poluição do ar	3	1	**4**
Precipitação	19	5	**24**
Temperatura	10	7	**17**
Geral	19	32	**51**
Total	**51**	**45**	**96**

Fonte: Elaborado com base em Capes, 2018.

Corforme os dados da tabela, podemos constatar a predominância de trabalhos de caráter "geral". Isso representa que os títulos dos trabalhos analisados tenderam a analisar o clima, levando em consideração variados elementos climáticos. Dos mais direcionados, ocorreu a maior presença de trabalhos sobre pluviosidade, que podem se referir à disponibilidade de dados de chuva e, como mencionado por Lima, Pinheiro e Mendonça (2012), aos problemas urbanos relacionados às inundações. Porém, os trabalhos sobre poluição do ar ainda são incipientes no Brasil, em razão, sobretudo, do custo dos equipamentos para efetuar as medições de poluentes no ar.

8.2 O ensino de climatologia

No item anterior, apresentamos o contexto das principais pesquisas nos programas de pós-graduação em Geografia a fim de ilustrar como a climatologia tem sido estudada nos últimos anos. A justificativa dessa abordagem é simples: os pesquisadores, especialistas, mestres e doutores em Geografia são os responsáveis pela elaboração de materiais e pela formação de professores nos cursos de Geografia – ou seja, pesquisa e ensino são indissociáveis.

Apesar de, assim como outras disciplinas da geografia física, ter sido submetida às normas de um ensino tradicional e positivista, a climatologia foi questionada por grupos de pesquisadores em busca de novas propostas de ensino, que saíssem do ensino tradicional descritivo para um que abordasse a complexidade das relações entre sociedade-natureza; no entanto, ainda se observa uma prática tradicional no ensino de climatologia, principalmente no ensino fundamental (Steinke; Gomes, 2011).

Romper a prática tradicional implica aproximar noções sobre os climas dos fatos do cotidiano dos alunos, buscando associações que possam ser perceptíveis a eles. Nesse sentido, Steinke e Gomes (2011) demonstram preocupação com a falta de pesquisas sobre as práticas pedagógicas em climatologia e apontam a necessidade de avanços no ensino e na pesquisa para melhorar a educação básica.

Estudiosos do ensino de geografia têm discutido as condições para o desenvolvimento de práticas pedagógicas e, com isso, constatam problemas relacionados à falta de conhecimento sobre os temas relacionados à climatologia: "a pequena carga horária da disciplina de Geografia, a falta de material, a má formação do professor, a pouca estrutura oferecida pelas escolas e os baixos salários pagos aos professores. Todos esses fatores contribuem para a pouca relevância dada a este tema nas escolas" (Steinke; Steinke; Vasconcelos, 2014, p. 135).

Além disso, é preciso atentar ao fato de que, no ensino fundamental I (do 1º ao 5º ano), a disciplina raramente é ministrada por geógrafos, pois os cursos de Licenciatura em Geografia preparam os acadêmicos para atuarem no ensino fundamental II e médio. Sendo assim, Straforini (2002, citado por Steinke; Steinke; Vasconcelos, 2014) acredita que os conteúdos de climatologia na educação básica ficam em segundo plano.

Para ilustrar aspectos do ensino fundamental I, Steinke, Steinke e Vasconcelos (2014) realizaram um estudo no qual foram tratados aspectos da climatologia com alunos do 4º ano, com ênfase na percepção sobre as mudanças no tempo. Nessa pesquisa, os autores, primeiramente, questionaram os alunos sobre conceitos básicos referentes ao clima; em seguida, solicitaram a elaboração de desenhos representativos das variações climáticas. Os resultados indicaram que 71% das crianças conseguiram elaborar desenhos diferenciando as estações do ano no Distrito Federal, com graus de detalhamento que resultam da percepção das alterações do tempo em seu cotidiano.

Em outro estudo prático, agora no ensino fundamental II, Fogaça e Limberger (2014) trabalharam a percepção ambiental e climática no Município de Toledo, no Paraná. Os autores entrevistaram alunos do 6º ano de três escolas com características diferentes: uma da região central da cidade, outra da periferia e, por último, uma do campo. Como resultado, ficou evidente que os alunos da escola do campo têm uma percepção mais apurada das alterações no tempo, em virtude de sua direta relação com a natureza e, muitas vezes, com a produção de alimentos no campo; em contrapartida, os alunos do meio urbano não apresentaram percepção ambiental e climática, pois estão mais imersos nas tecnologias e dão menos atenção aos fatos do cotidiano (Fogaça; Limberger, 2014).

Prosseguindo, como mencionado anteriormente, a produção científica tem estreita relação com os avanços no ensino. Steinke, Steinke e Vasconcelos (2014) elaboraram um estudo analisando as publicações dos pesquisadores em geografia nos simpósios brasileiros de climatologia geográfica (SBCGs) entre os anos de 1992 e 2012, com ênfase nos trabalhos que se enquadraram no eixo de ensino de climatologia. Como resultado, os pesquisadores observaram um aumento no número de pesquisas classificadas no eixo ensino de clima, demonstrando que existe um esforço acadêmico para debater o assunto; porém, ao analisar os conteúdos dos trabalhos, identificaram que nenhum trabalho abordou a geografia do clima como alicerce no ensino e, além disso, os poucos trabalhos que discutiram a climatologia no contexto do ensino se apresentaram de forma incompleta. "Ainda há necessidade de estudos focalizados nas dificuldades existentes no processo de ensino-aprendizagem da Climatologia escolar que, na maioria das vezes, a caracteriza como um ensino tedioso e acompanhado por práticas de memorização dos conteúdos" (Steinke; Steinke; Vasconcelos, 2014, p. 150).

Vimos até aqui a complexidade de pensar o tema climatologia no ensino. Para prosseguir, precisamos ter em mente os instrumentos utilizados pelos professores ao lecionar. Sobre isso, Fialho (2013, p. 46) afirma:

> A partir da década de 1970, os livros didáticos ampliaram sua importância no cenário educacional brasileiro, ao mesmo tempo em que ocorreu uma crescente desqualificação profissional dos professores, tanto no que diz respeito à formação quanto à remuneração desses profissionais. Nesse sentido, pode-se afirmar [...] o empobrecimento econômico e cultural dos professores da educação básica [...].

Além disso, Steinke e Steinke (2000, citados por Fialho, 2013), ao analisar os livros didáticos daquela época, constataram a fragilidade dos materiais, tanto nos conceitos quanto no uso das imagens.

Com base nessas constatações, Fialho (2013) questiona o processo de formação acadêmica e a permanência dos equívocos nos materiais didáticos, alegando que a maior parte dos autores dos livros são oriundos da Universidade de São Paulo (USP) e da Universidade Estadual Paulista "Júlio de Mesquita Filho" (Unesp) (Castro e Salgado, 2011, citados por Fialho, 2013), berços da climatologia geográfica brasileira.

Sant'Anna (2002, citado por Fialho, 2013), ao analisar a ementa de climatologia dos cursos de graduação, menciona que os conteúdos usualmente são fundamentados em regras e leis gerais – com descrições de fenômenos atmosféricos e, ainda, de maneira compartimentada –, que não valorizam os conceitos básicos da climatologia e não têm conexão com a realidade local.

Importante!

Ainda permanece a distância entre o que se produz na academia e o que é utilizado na educação básica. O entendimento sobre o tempo atmosférico vai além das medições dos elementos climáticos, pois considera a compreensão de como eles se relacionam com o cotidiano das pessoas.

Essa relação de proximidade do tema com as populações é apresentada por Alves (2005, citado por França Junior; Malysz; Lopes, 2016), que versa sobre os ditos populares utilizados pelos nossos antepassados até o século XX. Segundo o autor, entre 90 e 95% dos ditos populares sobre o clima e o tempo atmosférico são corretos; essa previsibilidade ocorre em virtude da observação da sucessão dos tipos de tempo e da atenção dada à repetição dos fenômenos – conhecimentos que possibilitam o desenvolvimento da percepção a respeito da alterações climáticas.

Nesse sentido, os ensinamentos sobre o clima e os diferentes tipos de tempo, tanto no ensino superior quanto na educação básica, devem extrapolar o uso de aulas conceituais e tradicionais para o exercício de observação e de relação desses fatos com o cotidiano das populações.

Como livros didáticos são materiais disponíveis na rede pública de ensino, passaremos a analisar os conteúdos de climatologia em algumas coleções.

8.2.1 O ensino de climatologia nas séries iniciais sob a perspectiva dos livros didáticos

Assim como preconizado nas Diretrizes Curriculares Nacionais (DCN) e nos Parâmetros Curriculares Nacionais (PCN), a preocupação com a disseminação de conhecimento integrador está presente na escolha dos livros didáticos. No documento intitulado *Programa Nacional do Livro Didático* (PNLD), para a disciplina de Geografia foram apresentadas diversas coleções de livros analisados e aprovados para serem trabalhados no ensino fundamental (Brasil, 2016). Baseado nas coleções aprovadas para os anos de 2017-2020 e por meio da Secretaria Municipal de Educação (SME) de Curitiba, Paraná, solicitamos exemplares desses livros para serem analisados com o objetivo de identificar aspectos da climatologia neles contidos.

As coleções disponibilizadas foram "Para Viver Juntos" (Sampaio, 2015; Sampaio; Medeiros, 2015a, 2015b, 2015c) e "Vontade de Saber Geografia" (Torrezani, 2015a, 2015b, 2015c, 2015d), do 6º ao 9º anos do ensino fundamental II.

No entanto, antes de iniciarmos uma discussão sobre a climatologia no ensino fundamental, é necessário caracterizar, de forma objetiva, os livros didáticos em Geografia que foram analisados.

Quadro 8.1 – Conteúdos gerais das coleções analisadas

Ano	Conteúdos	Fonte
6º	Aspectos físicos da paisagem	Sampaio, 2015 Torrezani, 2015a
7º	Regionalização do Brasil	Sampaio e Medeiros, 2015a Torrezani, 2015b
8º	Espaço mundial – continentes: América e África	Sampaio e Medeiros, 2015b Torrezani, 2015c
9º	Espaço mundial – continentes: Europa, Ásia e Oceania	Sampaio e Medeiros, 2015c Torrezani, 2015d

Para analisar a presença e o comportamento dos assuntos sobre climatologia nos materiais didáticos relatados, fizemos a contagem dos termos *clima* e *climáticos* nas duas coleções. Ressaltamos que apenas a contagem dos termos no material não representaria a abordagem do tema no material; sendo assim, além de encontrar os temas, estes foram classificados conforme a abordagem apresentada. Os termos foram divididos nas seguintes classificações:

» **Meio ambiente** – Classificação utilizada quando os termos constavam na descrição de aspectos físicos da paisagem.

» **Aspectos sociais** – Classificação utilizada para os termos ligados às questões sociais, como impactos nas sociedades, e aos registros de problemas que se relacionavam com o clima, como desastres naturais ou limitações no uso dos solos.

» **Políticas públicas e ambientais** – Classificação utilizada para os temas que remetiam às políticas, principalmente sobre gestão dos territórios e mudanças climáticas.

» **Outros** – Classificação utilizada quando os termos se relacionavam com outras temáticas que não se encaixavam nas classificações anteriores, como a aplicação em atividades.

Veremos a seguir a quantidade de termos encontrados mediante a análise dos materiais.

Tabela 8.4 – Distribuição dos termos *clima* e *climáticos* nos livros da coleção "Para Viver Juntos"

Ano	Meio ambiente	Aspectos sociais	Políticas públicas e ambientais	Outros	Total geral
6º	27	7	4	3	41
7º	22	1		2	25
8º	43				43
9º	72		1	2	75
Total	**164**	**8**	**5**	**7**	**184**

Fonte: Elaborado com base em Sampaio, 2015; Sampaio; Medeiros, 2015a, 2015b, 2015c.

A proporção dos termos encontrados na coleção "Para viver juntos" demonstra a predominância dos termos *clima* e *climáticos* na descrição das paisagens, assim como apresentados por Fialho (2007), Steinke (2012) e Castelhano e Roseghini (2016), com a preocupação do uso descritivo no ensino de climatologia. Além disso, no 6º ano foram trabalhados os aspectos físicos da paisagem, porém os termos descritivos adquirem maior expressividade no livro do 8º e do 9º ano, na descrição dos continentes. Ainda é necessário frisar que, no capítulo sobre a Ásia (9º ano), não foram encontrados os termos *clima* e *climáticos* (e nem outros aspectos físicos da paisagem) – ou seja, não existiu um padrão para a caracterização climática dos continentes.

Sobre os assuntos que remetem à classificação "Aspectos Sociais"; foram encontrados apenas oito registros, que evidenciam uma situação de alerta sobre o tema. Já demonstramos aqui a importância da climatologia e do entendimento sobre o tempo na vida em sociedade, porém, ao analisarmos os materiais, ficou claro que não são suficientes para o aprendizado. No 6º ano dessa coleção, os termos *clima* e *climáticos* foram utilizados para tratar de assuntos sobre o modo de vida e as limitações que o clima ocasiona nas populações, como frio intenso, falta de água em regiões desérticas, inundações urbanas e desmatamento das florestas, por exemplo. No 7º ano, o tema foi sobre a seca no Nordeste. Nesse caso, o que chamou a atenção foi a presença de apenas oito momentos nos quais a climatologia se associou às questões sociais, indicando uma precariedade do tema apresentado na coleção total, considerando que o clima é um dos fatores determinantes nas sociedades.

Sobre a classificação "políticas públicas e ambientais", foram encontrados apenas cinco registros. No 6º ano surgiu a problemática da gestão para conter desastres naturais e o tema "efeito estufa", porém sem relação com a discussão das mudanças climáticas globais. No 9º ano apareceu a discussão sobre aquecimento global, porém de maneira reducionista, sem problematização e apenas sob o ponto de vista catastrofista. Reiteramos que o aquecimento global é um tema complexo e, por essa razão, necessita de discussões melhor elaboradas do que as apresentadas no material.

A última classificação para essa coleção foi a relacionada aos termos que não se encaixaram nas classificações anteriores, sendo evidenciados em questões de informática, tecnologias e monitoramento do tempo, elaboração de mapas pictóricos mediante os tipos de clima e uso da cartografia nos exercícios propostos em algumas unidades.

Antes de passarmos para a análise da próxima coleção, devemos relatar aspectos da climatologia que foram trabalhados no livro do 6º ano. Como mencionado anteriormente, no 6º ano foram trabalhados temas sobre as paisagens naturais do planeta, momento em que foram evidenciados aspectos do clima. Isso ocorreu no capítulo 8, que apresentou aspectos da atmosfera e introduziu os elementos do clima, além de diferenciar os conceitos de *tempo* e *clima*. Vale destacar que ambos os conceitos não foram tratados de forma sistêmica, pois primeiramente foram apresentados os elementos do clima, mas apenas posteriormente, na unidade sobre os climas do Brasil, é que foram relatados os fatores do clima – sabemos, no entanto, que estes não podem ser dissociados dos elementos climáticos, o que torna o texto frágil e incoerente.

Na sequência, passaremos a descrever os registros encontrados na coleção "Vontade de Saber Geografia".

Tabela 8.5 – Distribuição dos termos *clima* e *climáticos* nos livros da coleção "Vontade de saber Geografia"

Ano	Meio ambiente	Aspectos sociais	Políticas públicas e ambientais	Outros	Total
6º	50	14	5	3	72
7º	39				39
8º	23	4			27
9º	46		3		49
Total	158	18	8	3	187

Fonte: Elaborado com base em Torrezani, 2015a, 2015b, 2015c, 2015d.

Ao analisar os termos nessa coleção, não foram identificadas grandes mudanças em relação à coleção anterior. Uma diferença foi encontrada no livro do 6º ano, que apresentou mais termos para caracterizar o clima e as paisagens terrestres, mas em menor número na caracterização dos continentes. Na escala mundial, porém, ainda predominou o processo descritivo das paisagens.

Em relação às questões sociais, no 6º ano foram apresentadas temáticas que envolvem o modo de vida e os impactos do clima nas sociedades, a influência das tecnologias para contornar as intemperes climáticas e os problemas ocasionados pela seca no Nordeste, como a possibilidade de desertificação. No 8º ano, os termos *clima* e *climáticos* foram utilizados na unidade que descreve aspectos da África, relacionando-os aos problemas sociais decorrentes das características climáticas.

Sobre a classificação "políticas públicas e ambientais", os termos foram encontrados apenas no 6º e no 9º anos. No 6º ano, o tema das mudanças climáticas foi citado em uma página que descreve resultados do Painel Brasileiro de Mudanças Climáticas (PBMC) do terceiro relatório do Intergovernamental Panel on Climat Change (IPCC), de 2007, sendo que o quarto relatório já havia sido publicado. Vale ressaltar que o IPCC representa um grande grupo de pesquisadores, cujos relatórios são resultados de anos de pesquisa, porém a maneira como o tema foi apresentado no livro os torna frágeis e tendenciosos. No 9º ano foi apresentada a expressão *mudanças climáticas* no tema "perigos que ameaçam os polos", novamente em caráter tendencioso. Esse tema apareceu também na descrição dos principais eventos internacionais que discutiram alternativas para o aquecimento global, como a Conferência das Nações Unidas sobre o Meio Ambiente Humano, em 1972, a Eco 92, a Rio+10 e a Rio+20, mas de forma simples, perdendo o caráter analítico tão preconizado pelos avaliadores dos materiais.

Várias pesquisas já foram elaboradas analisando o tema "mudanças climáticas" em livros didáticos. Em sua maioria, os autores encontraram textos simplistas e catastrofistas sobre o assunto, delegando à ação antrópica o fator primordial dessas alterações, subsidiados, sobretudo pelas discussões apresentadas pelo IPCC em seus relatórios iniciais (Goudard, 2016), que têm abordagens similares às identificadas nessa pesquisa com materiais didáticos.

Os temas classificados como "Outros" foram encontrados em atividades que remetem à cartografia, em que foram utilizados tipos climáticos na elaboração de mapas.

Nessa etapa, também foi analisado o livro do 6º ano, no qual foram apresentados os conceitos básicos da climatologia. Diferente da coleção anterior, os conteúdos referentes aos elementos e fatores do clima não foram dissociados; pelo contrário, foram relacionados na composição das discussões, colaborando com o ensino integrador.

Em pesquisa sobre o ensino de climatologia, Castelhano e Roseghini (2016) entrevistaram professores da cidade de Curitiba, relatando que, muitas vezes, o livro é o único recurso disponível em sala. Ao efetuar as entrevistas, os autores buscaram identificar se os professores têm liberdade na escolha dos materiais e obtiveram o seguinte resultado: "82,98% dos entrevistados afirmaram ter liberdade para escolher os livros, 93,62% afirmaram poder tratar de assuntos não presentes no livro e por fim 93,62% afirmaram ter liberdade para se aprofundar em questões abordadas do livro" (Castelhano; Roseghini, 2016, p. 49).

Por meio dessas análises, foi possível observar aspectos relatados por outros pesquisadores (Fialho, 2007, 2010, 2013; Fogaça; Limberger, 2014; Steinke; Gomes, 2011; Steinke, 2012; Steinke; Steinke; Vasconcelos, 2014) que causam preocupação em relação ao ensino de climatologia, devido ao perfil das instituições de ensino superior e pelos materiais utilizados por profissionais que atuam na educação básica, os quais precisam ser revisados com maior rigor e criticidade.

8.3 Considerações

Os resultados apresentados neste capítulo demonstram a preocupação dos pesquisadores em ensino de climatologia. Primeiro, pela estrutura do ensino superior e o perfil dos geógrafos que se lançam ao mercado e nas sociedades. As pesquisas em climatologia apresentaram significativo aumento ao longo dos anos, devido, sobretudo, ao acesso aos dados atmosféricos, porém ainda são baseadas na descrição das paisagens.

Por conseguinte, os professores que atuam na educação básica são reflexo desse ensino e, muitas vezes, estão presos ao livro didático, por uma série de fatores, como os expostos anteriormente. Esses materiais apresentam muita fragilidade e perpetuam um ensino descritivo e fragmentado, distante da realidade dos alunos.

Além disso, ao pensar no ensino fundamental I, deve-se atentar para o fato de que outras disciplinas de áreas afins, como as ciências, também tratam de assuntos geográficos. A observação da atmosfera deverá ocorrer desde a educação infantil e ser continuada nos outros níveis de ensino posteriores (França Junior; Malysz; Lopes, 2016).

Síntese

Neste capítulo, evidenciamos aspectos da pesquisa em climatologia no país e como os autores a problematizam. Além disso, tratamos sobre as principais estações meteorológicas aqui instaladas e como as instituições foram sendo criadas após os avanços na tecnologia e na própria ciência brasileira.

Verificamos também a quantidade de trabalhos publicados nos programas de pós-graduação brasileiros que retratam assuntos sobre o clima do país, destacando a crescente preocupação com o clima local ou urbano no planejamento ambiental.

Por fim, analisamos duas coleções de livros didáticos indicados pelo Plano Nacional do Livro Didático (PNLD), com ênfase nos termos que remetem à climatologia. A análise indicou a fragilidade dos conteúdos e a necessidade de temas menos fragmentados para possibilitar o entendimento das paisagens de forma integrada.

Indicação cultural

Documentário

UM DIA, um planeta: o clima. National Geographic. 45 min.

Equipes da National Geographic registraram aspectos do clima em vários locais do mundo, demonstrando as diferenças entre regiões úmidas e muito secas, como nos desertos, e aspectos da pesquisa e da ciência sobre esses ambientes.

Atividades de autoavaliação

1. Considerando o tema "pesquisa em geografia", assinale a alternativa **incorreta**:
   a) As primeiras estações meteorológicas foram vinculadas ao Observatório Nacional, com respaldo da estação meteorológica da Marinha e do Instituto Histórico e Geográfico Brasileiro; porém, somente em 1862 a coleta de dados ocorreu de forma sistemática.
   b) Até a primeira metade do século XIX, os estudos em climatologia pautavam-se em breves descrições do território brasileiro; porém, a partir da criação da Diretoria de

Meteorologia e das Comissões Geográficas e Geológicas, passaram a abordar correlações entre as diferentes altitudes e vegetações e as variações térmicas e barométricas.

c) Monteiro é um autor referência nas pesquisas de clima urbano no Brasil, analisando os subsistemas termodinâmico, físico-químico e o hidrometeorológico. A metodologia aplicada por ele é utilizada em estudos de caso e em análises episódicas, rítmicas e de clima urbano.

d) Os estudos em climatologia e meteorologia, com ênfase nos aspectos do clima no Brasil, deram subsídio ao planejamento territorial e datam desde o século XIX.

2. Quanto ao ensino de climatologia, assinale V para as afirmativas verdadeiras e F para as falsas.

( ) O ensino de climatologia no ensino fundamental traz uma abordagem voltada às relações entre sociedade-natureza, e não apenas descritiva, como parte do ensino tradicional e positivista.

( ) A percepção ambiental e climática de alunos de escolas urbanas e do campo é diferenciada. Os alunos do campo apresentam maior percepção quanto às alterações do tempo do que os alunos das escolas urbanas, fato ocasionado pela ligação daqueles com a natureza.

( ) O ensino de Climatologia como disciplina nas escolas e também em cursos de graduação acompanha em seus conteúdos a realidade local dos alunos; os livros didáticos apresentam conteúdos e conceitos básicos da geografia.

( ) Os chamados *ditos populares* que envolvem o clima e o tempo, em sua grande maioria, apresentam-se corretos e compatíveis com a realidade, em que a observação do tempo contribui para a correta informação e percepção da população.

( ) Quanto à climatologia geográfica, faltam estudos sobre o clima no ensino escolar, os estudos existentes são insuficientes e, muitas vezes, incompletos. É recorrente o uso dos conteúdos para memorização.

Agora, assinale a alternativa que apresenta a sequência correta:
a) F, F, F, V, V.
b) F, V, F, V, V.
c) V, V, F, V, V.
d) F, F, F, F, V.

3. Sobre os grupos de pesquisa brasileiros, analise as assertivas a seguir.

I. A existência de vários grupos de pesquisa sobre o tema climatologia demonstra a multidisciplinaridade da ciência e sua aplicação no cenário nacional.

II. Por se tratar de uma ciência que envolve aspectos da natureza e do construído pelo homem, a climatologia também é utilizada por engenheiros e urbanistas.

III. A pesquisa em climatologia é predominantemente de cunho ambiental, distanciando-se das ciências sociais.

Agora, marque a alternativa correta:
a) Apenas as assertivas I e II são verdadeiras.
b) Apenas as assertivas II e III são verdadeiras.
c) Apenas as assertivas I e III são verdadeiras.
d) Apenas a assertiva II é verdadeira.

4. Sobre as pesquisas com a temática *clima*, avalie as assertivas a seguir.
   I. Com base nos principais eventos na área de climatologia, foi possível identificar que nos últimos anos ocorreu maior interesse dos alunos de pós-graduação nos estudos do clima.
   II. São várias as áreas de interesse dos brasileiros ao estudar o clima, sendo representativos o clima urbano e a variabilidade pluvial.
   III. Uma das preocupações apresentadas pelos autores se refere ao menor interesse dos alunos de pós-graduação em publicações na área da climatologia.
   Agora, marque a alternativa correta:
   a) Apenas as assertivas I e II são verdadeiras.
   b) Apenas as assertivas II e III são verdadeiras.
   c) Apenas as assertivas I e III são verdadeiras.
   d) Apenas a assertiva II é verdadeira.

5. Sobre o ensino de climatologia no ensino fundamental, analise as assertivas a seguir.
   I. O modo de vida e a interação com o meio ambiente são aspectos determinantes na percepção ambiental e climática das crianças.
   II. Problemas estruturais no ensino brasileiro, como defasagem de materiais, profissionais qualificados e baixa carga horária de ensino, também são determinantes nos conteúdos de climatologia.
   III. No geral, os alunos de escolas do campo podem apresentar percepção mais apurada sobre os elementos do clima devido à maior interação com a natureza.

Agora, assinale a alternativa correta:
a) Apenas as assertivas I e II são verdadeiras.
b) Apenas as assertivas II e III são verdadeiras.
c) Apenas as assertivas I e III são verdadeiras.
d) Todas as assertivas são verdadeiras.

Atividades de aprendizagem

Questões para reflexão

1. Como apontado no texto, o professor Carlos Augusto de Figueiredo Monteiro e suas pesquisas em climatologia contribuíram muito para a ciência. Pesquise e explique no que consistiu o Sistema Clima Urbano (SCU).

2. Mediante as discussões sobre a educação básica brasileira, explique como ocorre a presença da climatologia como teoria e prática.

Atividade aplicada: prática

1. Apresentamos neste capítulo aspectos da pesquisa científica com o tema climatologia. Com base nesses fatos, pesquise um artigo científico que aborde o clima de sua cidade ou região e apresente uma síntese sobre os resultados apresentados.

Considerações finais

A climatologia, assim como qualquer ciência, não é imutável. O conhecimento sobre o clima na Antiguidade refletia o que aquelas sociedades podiam apreender com as ferramentas disponíveis. Recentemente, a climatologia conta com uma série de equipamentos e *softwares* para a obtenção e o tratamento de grandes volumes de informações. A percepção e a compreensão climáticas mudaram e ainda tendem a mudar muito mais.

Mediante o cenário ambiental atual, a sociedade ainda necessita aprender muito; a climatologia, nesse contexto, pode adaptar-se diante de crises e preocupações acerca dos impactos do clima nas sociedades.

Nesta obra, priorizamos os conhecimentos básicos sobre os processos atmosféricos, mas que não podem e não devem ser tratados como suficientes para a compreensão de todas as dinâmicas e os fenômenos que a natureza nos impõe. Agora, está mais evidente que o clima muda e força a sociedade a se adaptar; logo, o conhecimento é a ferramenta que pode mudar realidades e também nos ajudar a pensar no futuro.

Tendo em vista que a climatologia é uma ciência que se relaciona com várias áreas do conhecimento – sendo, assim, trans e multidisciplinar –, o professor de geografia deverá se atualizar constantemente para suprir falhas sistêmicas da educação básica e gerar conhecimento de base, a fim de criar sociedades mais atentas ao meio ambiente e aos impactos que suas ações causam nos processos atmosféricos.

Referências

AB'SÁBER, A. N. **Brasil**: paisagens de exceção – o litoral e o Pantanal Mato-Grossense – patrimônios básicos. Cotia: Ateliê, 2006.

AB'SÁBER, A. N. **Os domínios de natureza no Brasil**: potencialidades paisagísticas. Cotia: Ateliê Editorial, 2003.

ABRAMOVAY, R. Desigualdades e limites deveriam estar no centro da Rio+20. **Estudos Avançados**, São Paulo, v. 26, n. 74, p. 21-33, jan./abr. 2012. Disponível em: <http://www.scielo.br/pdf/ea/v26n74/a03v26n74.pdf>. Acesso em: 5 jun. 2018.

ABREU, M. L. de. Climatologia da estação chuvosa de Minas Gerais: de Nimer (1977) à zona de convergência do Atlântico Sul. **Revista Geonomos**, v. 6, n. 2, p. 17-22, 1998. Disponível em: <http://www.igc.ufmg.br/portaldeperiodicos/index.php/geonomos/article/view/166/145>. Acesso em: 29 maio 2018.

ALVARES, C. A. et al. Köppen's Climate Classification Map for Brazil. **Meteorologische Zeitschrift**, v. 22, n. 6, p. 711-728, Dec. 2013.

ALVES, L. M. Clima da Região Centro-Oeste do Brasil. In: CAVALCANTI, I. F. de A. (Org.). **Tempo e Clima no Brasil**. São Paulo: Oficina de Textos, 2009. p. 235-242.

AMORIM-NETO, M. da S. Balanço hídrico segundo Thornthwaite e Mather (1995). **Comunicado Técnico da Embrapa**, n. 34, p. 1-18, jun. 1989. Disponível em: <https://ainfo.cnptia.embrapa.br/digital/bitstream/CPATSA/6679/1/COT34.pdf>. Acesso em: 12 jul. 2018.

AYOADE, J. O. **Introdução à climatologia para os trópicos**. Tradução de Maria Juraci Zani dos Santos. 8. ed. Rio de Janeiro: Bertrand Brasil, 2002.

AYOADE, J. O. Introdução à climatologia para os trópicos. Tradução de Maria Juraci Zani dos Santos. 11. ed. Rio de Janeiro: Bertrand Brasil, 2006.

BARBIERI, A. F.; VIANA, R. de M. Respostas urbanas às mudanças climáticas: construção de políticas públicas e capacidades de planejamento. In: OJIMA, R.; MARANDOLA JUNIOR, E. (Org.). **Mudanças climáticas e as cidades**: novos e antigos debates na busca da sustentabilidade urbana e social. São Paulo: Blucher, 2013. (Coleção População e Sustentabilidade, v. 1). p. 57-74.

BARROS, J. R.; ZAVATTINI, J. A. Bases conceituais em climatologia geográfica. **Mercator**, Fortaleza, v. 8, n. 16, p. 255-261, 2009. Disponível em: <http://www.mercator.ufc.br/

mercator/article/view/289>. Acesso em: 15 jul. 2018.

BARRY, R. G.; CHORLEY, R. J. **Atmosfera, tempo e clima**. Tradução de Ronaldo Cataldo Costa. 9. ed. Porto Alegre: Bookman, 2013.

BERLATO, M. A.; FONTANA, D. C. **El Niño e La Niña**: impactos no clima, na vegetação e na agricultura do Rio Grande do Sul – aplicações de previsões climáticas na agricultura. Porto Alegre: Ed. da UFRGS, 2003.

BJERKNES, J.; SOLBERG, H. Life Cycle of Cyclones and the Polar Front Theory of Atmospheric Circulation. **Geofysisker Publikasjoner**, v. 3, n. 1, p. 3-18, 1922.

BLANK, D. M. P. O contexto das mudanças climáticas e as suas vítimas. **Mercator**, Fortaleza, v. 14, n. 2, p. 157-172, maio/ago. 2015. Disponível em: <http://www.scielo.br/pdf/mercator/v14n2/1984-2201-mercator-14-02-0157.pdf>. Acesso em: 4 jun. 2018.

BRASIL. Ministério da Educação. Secretaria de Educação Básica. Fundo Nacional de Desenvolvimento da Educação. **PNLD 2017**: Geografia – ensino fundamental anos finais. Brasília: SEB/FNDE/MEC, 2016. Disponível em: <http://www.fnde.gov.br/programas/programas-do-livro/livro-didatico/guia-do-livro-didatico/item/8813-guia-pnld-2017>. Acesso em: 15 jul. 2018.

CAPES – Coordenação de Aperfeiçoamento de Pessoal de Nível Superior. **Catálogo de teses e dissertações**. Disponível em: <http://bancodeteses.capes.gov.br/banco-teses/#!/>. Acesso em: 29 maio 2018.

CARVALHO, L. M. V.; JONES, C. Zona de convergência do Atlântico Sul. In: CAVALCANTI, I. F. de A. et al. (Org.). **Tempo e clima no Brasil**. São Paulo: Oficina de Textos, 2009. p. 95-109.

CASTELHANO, F. J.; ROSEGHINI, W. F. F. A questão da escala no ensino de climatologia no ensino fundamental e médio em Curitiba e Região Metropolitana. **Geografia Ensino & Pesquisa**, v. 20, n. 1, p. 39-50, jan./abr. 2016. Disponível em: <https://periodicos.ufsm.br/geografia/article/view/16399/pdf>. Acesso em: 6 jun. 2018.

CAVALCANTI, I. F. de A.; KOUSKY, V. E. Frentes frias sobre o Brasil. In: CAVALCANTI, I. F. de A. et al. (Org.). **Tempo e clima no Brasil**. São Paulo: Oficina de Textos, 2009. p. 135-148.

CLIMATEMPO. Imagem de satélite Goes-13. In: PEGORIM, J. **Teremos ZCAS no verão?** 3 nov. 2015. Disponível em: <https://www.climatempo.com.br/noticia/2015/11/04/teremos-zcas-no-verao--9838>. Acesso em: 29 maio 2018.

CNPQ – Conselho Nacional de Desenvolvimento Científico e Tecnológico. Diretório dos Grupos de Pesquisa no Brasil. **Consulta parametrizada**. Disponível em: <http://dgp.cnpq.br/dgp/faces/consulta/consulta_parametrizada.jsf>. Acesso em: 6 jun. 2018.

CONTI, J. B. Geografia e climatologia. **Geousp**: Espaço e Tempo, São Paulo, n. 9, p. 91-95, 2001. Disponível em: <https://www.revistas.usp.br/geousp/article/view/123516/119794>. Acesso em: 24 maio 2018.

CPTEC – Centro de Previsão de Tempo e Estudos Climáticos. **El Niño e La Niña**. Disponível em: <http://enos.cptec.inpe.br/>. Acesso em: 29 maio 2018.

CUADRAT, J. M. El mosaico climático del globo. In: CUADRAT, J. M.; PITA, M. F. **Climatología**. 5. ed. Madrid: Cátedra, 2009a. p. 343-386.

CUADRAT, J. M. Humedad atmosférica. In: CUADRAT, J. M.; PITA, M. F. **Climatología**. 5. ed. Madrid: Cátedra, 2009b. p. 89-134.

CUADRAT, J. M.; PITA, M. F. **Climatología**. 5. ed. Madrid: Cátedra, 2009.

CUNHA, G. R. et al. El Niño/La Niña: Oscilação Sul e seus impactos na agricultura brasileira – fatos, especulações e aplicações. **Revista Plantio Direto**, Passo Fundo, v. 20, n. 121, p. 18-22, jan./fev. 2011. Disponível em: <https://www.embrapa.br/busca-de-publicacoes/-/publicacao/904106/el-ninola-nina---oscilacao-sul-e-seus-impactos-na-agricultura-brasileira-fatos-especulacoes-e-aplicacoes>. Acesso em: 15 jul. 2018.

DIAS, M. A. F. S.; SILVA, M. G. A. J. Para entender tempo e clima. In: CAVALCANTI, I. F. de A. et al. (Org.). **Tempo e clima no Brasil**. São Paulo: Oficina de Textos, 2009. p. 15-22.

DI LIBERTO, T. **The Walker Circulation**: ENSO's Atmospheric Buddy. 2014. Disponível em: <https://www.climate.gov/news-features/blogs/enso/walker-circulation-ensos-atmospheric-buddy>. Acesso em: 29 maio 2018.

ELY, D. F. **Teoria e método da climatologia geográfica brasileira**: uma abordagem sobre seus discursos e práticas. 208 f. Tese (Doutorado em Geografia) – Universidade Estadual Paulista "Júlio de Mesquita Filho", Presidente Prudente, 2006. Disponível em: <https://repositorio.unesp.br/bitstream/handle/11449/105091/ely_df_dr_prud.pdf?sequence=1&isAllowed=y>. Acesso em: 6 jun. 2018.

FERREIRA, G. M. L. **Atlas geográfico**: espaço mundial. Visualização cartográfica por Marcello Martinelli. 4. ed. rev. e ampl. São Paulo: Moderna, 2013.

FIALHO, E. S. A pesquisa climatológica realizada por geógrafos brasileiros. **Revista Brasileira de Climatologia**, Curitiba, ano 6, v. 6, p. 193-212, jun. 2010. Disponível em: <https://revistas.ufpr.br/revistaabclima/article/view/25618/17164>. Acesso em: 6 jun. 2018.

FIALHO, E. S. Climatologia: ensino e emprego de geotecnologias. **Revista Brasileira de Climatologia**, Curitiba, ano 9, v. 13, p. 30-50, jul./dez. 2013. Disponível em: <https://revistas.ufpr.br/revistaabclima/article/view/33604/22578>. Acesso em: 6 jun. 2018.

FIALHO, E. S. Práticas do ensino de climatologia através da observação sensível. **Ágora**, Santa Cruz do Sul, v. 13, n. 1, p. 105-123, jan./jun. 2007. Disponível em: <https://online.unisc.br/seer/index.php/agora/article/view/112/71>. Acesso em: 6 jun. 2018.

FOGAÇA, T. K.; LIMBERGER, L. Percepção ambiental e climática: estudo de caso em colégios públicos do meio urbano e rural de Toledo-PR. **Revista do Departamento de Geografia**, São Paulo, v. 28, p. 134-156, 2014. Disponível em: <https://www.researchgate.net/profile/Leila_Limberger/publication/281264341_PERCEPCAO_AMBIENTAL_E_CLIMATICA_ESTUDO_DE_CASO_EM_COLEGIOS_PUBLICOS_DO_MUNICIPIO_DE_TOLEDO-PR/links/568d42d508ae78cc051413d7/PERCEPCAO-AMBIENTAL-E-CLIMATICA-ESTUDO-DE-CASO-EM-COLEGIOS-PUBLICOS-DO-MUNICIPIO-DE-TOLEDO-PR.pdf?origin=publication_detail>. Acesso em: 6 jun. 2018.

FRANÇA JUNIOR, P.; MALYSZ, S. B.; LOPES, C. S. Práticas de ensino em climatologia: observação sensível do tempo atmosférico. **Revista Brasileira de Climatologia**, Curitiba, ano 12, v. 19, p. 335-351, jul./dez. 2016. Disponível em: <https://revistas.ufpr.br/revistaabclima/article/view/42455/29398>. Acesso em: 6 jun. 2018.

FREITAS, E. D. de; AMBRIZZI, T. Impacto da Rio-92 na produção científica da USP considerando o tópico mudanças climáticas. **Estudos Avançados**, São Paulo, v. 26, n. 74, p. 341-349, 2012. Disponível em: <https://www.revistas.usp.br/eav/article/view/10645/12387>. Acesso em: 5 jun. 2018.

GAN, M. A.; SELUCHI, M. E. Ciclones e ciclogênese. In: CAVALCANTI,

I. F. de A. et al. (Org.). **Tempo e clima no Brasil**. São Paulo: Oficina de Textos, 2009. p. 111-126.

GARCIA, E. A. C. O clima no pantanal mato-grossense. **Embrapa/Uepae**, Corumbá, n. 14, jan. 1984. Circular técnica. Disponível em: <http://ainfo.cnptia.embrapa.br/digital/bitstream/item/37595/1/CT14.pdf>. Acesso em: 29 maio 2018.

GEODESIGN INTERNACIONAL. **Conhecimento básico sobre o recurso solar**. Disponível em: <http://recursosolar.geodesign.com.br/Pages/Sol_Rad_Basic_RS.html>. Acesso em: 28 maio 2018.

GIDDENS, A. **A política da mudança climática**. Rio de Janeiro: Zahar, 2010.

GOUDARD, G. **As análises climáticas e as mudanças climáticas globais em livros didáticos de Geografia**: uma abordagem a partir do 1º ano do ensino médio. 58 f. Trabalho de Conclusão de Curso (Licenciatura em Geografia) – Universidade Federal do Paraná, Curitiba, 2016.

GOUDARD, G.; PAULA, E. V. de. O clima do litoral paranaense: variabilidades, mudanças climáticas, tendências e desafios. In: BOLDRINI, E. B.; PAES, L. S. O. P.; PINHEIRO, F. (Org.). **Clima**: boas práticas de adaptação. Antonina: Ademadan, 2016. p. 13-29.

GRIMM, A. M. Clima da Região Sul do Brasil. In: CAVALCANTI, I. F. de A. (Org.). **Tempo e Clima no Brasil**. São Paulo: Oficina de Textos, 2009. p. 259-276.

HANS CHEN. **Köppen climate classification**: as a diagnostic tool to quantify climate variation and change. 10 jan. 2017. Disponível em: <http://hanschen.org/koppen/#maps>. Acesso em: 26 jul. 2018

INMET – Instituto Nacional de Meteorologia. **Glossário**. Disponível em: <http://www.inmet.gov.br/portal/index.php?r=home/page&page=glossario>. Acesso em: 29 maio 2018.

INPE – Instituto Nacional de Pesquisas Espaciais. **Legenda de análise sinótica**. Disponível em: <http://tempo.cptec.inpe.br/cartas.php?tipo=Superficie>. Acesso em: 29 maio 2018.

IPCC – Intergovernmental Panel on Climate Change. **Climate Change 2007**: The Physical Science Basis. Contribution of Working Group I to the Fourth Assessment Report of the IPCC. New York: Cambridge University Press, 2007. Disponível em: <http://www.ipcc.ch/pdf/assessment-report/ar4/wg1/ar4_wg1_full_report.pdf>. Acesso em: 13 jul. 2018.

IPCC – Intergovernmental Panel on Climate Change. **Climate Change 2013**: the Physical Science Basis. Contribution of Working Group I to the Fifth Assessment Report of the IPCC. Disponível em: <http://www.climatechange2013.org/images/report/WG1AR5_ALL_FINAL.pdf>. Acesso em: 13 jul. 2018.

IPCC – Intergovernmental Panel on Climate Change. **Fifth Assessment Report (AR5)**. Disponível em: <https://www.ipcc.ch/report/ar5/>. Acesso em: 15 jul. 2018

IPCC – Intergovernmental Panel on Climate Change. **Special Report**: Emissions Scenarios – Summary for Policymakers. 2000. Disponível em: <https://ipcc.ch/pdf/special-reports/spm/sres-en.pdf>. Acesso em: 5 jun. 2018.

KAYANO, M. T.; ANDREOLI, R. V. Clima da Região Nordeste do Brasil. In: CAVALCANTI, I. F. de A. et al. (Org.). **Tempo e clima no Brasil**. São Paulo: Oficina de Textos, 2009. p. 213-234.

KÖPPEN, W. **Climatología**: con un estudio de los climas de la tierra. México: Fondo de Cultura Economica, 1948.

LEPSCH, I. F. **19 lições de pedologia**. São Paulo: Oficina de Textos, 2011.

LIMA, N. R. de; PINHEIRO, G. M.; MENDONCA, F. Clima urbano no Brasil: análise e contribuição da metodologia de Carlos Augusto de Figueiredo Monteiro. **Revista GeoNorte**, v. 2, n. 5, p. 626-638, 2012. Edição especial n. 2. Disponível em: <http://www.periodicos.ufam.edu.br/revista-geonorte/article/view/aaaa/2329>. Acesso em: 6 jun. 2018.

LORENZ, E. N. The Nature and Theory of the General Circulation of the Atmosphere. **World Meteorological Organization**, n. 218, p. 74-78, 1967.

MAACK, R. **Geografia física do Estado do Paraná**. 4. ed. Ponta Grossa: Ed. da UEPG, 2012.

MARENGO, J. A. Água e mudanças climáticas. **Estudos Avançados**, São Paulo, v. 22, n. 63, p. 83-96, 2008. Disponível em: <http://www.scielo.br/pdf/ea/v22n63/v22n63a06.pdf>. Acesso em: 4 jun. 2018.

MARENGO, J. A. Cenários de mudanças climáticas para o Brasil em 2100. **Ciência & Ambiente**, v. 34, p. 100-125, 2007a.

MARENGO, J. A. **Mudanças climáticas globais e seus efeitos sobre a biodiversidade**: caracterização do clima atual e definição das alterações climáticas para o território brasileiro ao longo do século XXI. 2. ed. Brasília: MMA, 2007b. Disponível em:

<http://www.mma.gov.br/estruturas/chm/_arquivos/14_2_bio_Parte%201.pdf>. Acesso em: 4 jun. 2018.

MARENGO, J. A. et al. **Relatório 5**: eventos extremos em cenários regionalizados de clima no Brasil e América do Sul para o século XXI – projeções de clima futuro usando três modelos regionais. São Paulo: MMA; SBF; DCBio, 2007. Disponível em: <http://www.grec.iag.usp.br/link_grec_old/outros/ambrizzi/relatorio5.pdf>. Acesso em: 5 jun. 2018.

MELLO-THÉRY, N. A. de; CAVICCHIOLI, A.; DUBREUIL, V. Controvérsias ambientais frente à complexidade das mudanças climáticas. **Mercator**, Fortaleza, v. 12, n. 29, p. 155-170, set./dez. 2013. Disponível em: <http://www.mercator.ufc.br/mercator/article/view/1201/516>. Acesso em: 4 jun. 2018.

MELO, A. B. C.; CAVALCANTI, I. F. A.; SOUZA, P. P. Zona de Convergência Intertropical do Atlântico. In: CAVALCANTI, I. F. de A. et al. (Org.). **Tempo e clima no Brasil**. São Paulo: Oficina de Textos, 2009. p. 25-42.

MENDONÇA, F. Aquecimento global e suas manifestações regionais e locais: alguns indicadores da Região Sul do Brasil. **Revista Brasileira de Climatologia**, Curitiba, v. 2, p. 71-86, dez. 2006. Disponível em: <https://revistas.ufpr.br/revistaabclima/article/view/25388/17013>. Acesso em: 5 jun. 2018.

MENDONÇA, F. Mudanças climáticas e aquecimento global: incertezas e questionamentos – uma perspectiva a partir de suas repercussões na Região Sul do Brasil. In: MENDONÇA, F. (Org.). **Os climas do Sul**: em tempos de mudanças climáticas globais. Jundiaí: Paco Editorial, 2014. p. 7-46.

MENDONÇA, F. Riscos e vulnerabilidades socioambientais urbanos: a contingência climática. **Mercator**, Fortaleza, v. 9, n. 1, p. 153-163, dez. 2010. Número especial. Disponível em: <http://www.mercator.ufc.br/mercator/article/view/538/303>. Acesso em: 5 jun. 2018.

MENDONÇA, F.; DANNI-OLIVEIRA, I. M. **Climatologia**: noções básicas e climas do Brasil. São Paulo: Oficina de Textos, 2007.

MOLION, L. C. B. Aquecimento global: uma visão crítica. **Revista Brasileira de Climatologia**, Curitiba, v. 3, p. 7-24, ago. 2008. Disponível em: <https://revistas.ufpr.br/revistaabclima/article/viewFile/25404/17024>. Acesso em: 5 jun. 2018.

MONTEIRO, C. A. de F. O estudo geográfico do clima. **Cadernos Geográficos**, Florianópolis, n. 1, p. 1-73, maio 1999. Disponível em: <http://cadernosgeograficos.ufsc.br/files/2016/02/caderno-geografico-01.pdf>. Acesso em: 24 maio 2018.

MONTEIRO, C. A. de F. **Teoria e clima urbano**. São Paulo: Igeog; USP, 1976.

NASA – National Aeronautics and Space Administration. **Major Features of the Atmospheric Circulation at the Surface Over the Pacific Ocean Area for June-August**. Disponível em: <https://www-gte.larc.nasa.gov/pem/pemt_flt.htm>. Acesso em: 26 jul. 2018a.

NASA – National Aeronautics and Space Administration. **Nasa Sees Tropical Storm Karina Get a Boost**. 22 ago. 2014. Disponível em: <https://www.nasa.gov/content/goddard/karina-eastern-pacific/>. Acesso em: 29 maio 2018.

NASA – National Aeronautics and Space Administration. **Spatial Data Access Tool (SDAT)**. Disponível em: <https://webmap.ornl.gov/ogc/dataset.jsp?dg_id=10012_1>. Acesso em: 15 jul 2018b.

NIMER, E. Circulação atmosférica do Nordeste e suas consequências: o fenômeno das secas. **Revista Brasileira de Geografia**, Rio de Janeiro, n. 2, ano 26, p. 147-158, abr./jun. 1964. Disponível em: <https://biblio teca.ibge.gov.br/visualizacao/periodicos/115/rbg_1964_v26_n2.pdf>. Acesso em: 29 maio 2018.

NIMER, E. **Climatologia do Brasil**. 2. ed. Rio de Janeiro: IBGE; Derna, 1989.

NSIDC – National Snow and Ice Data Center. **Arctic Sea Ice Extent**. 3 jun. 2018a. Disponível em: <https://nsidc.org/data/seaice_index/images/daily_images/N_iqr_timeseries.png>. Acesso em: 4 jun. 2018.

NSIDC – National Snow and Ice Data Center. **Sea Ice Extent**. 3 jun. 2018b. Disponível em: <https://nsidc.org/data/seaice_index/images/daily_images/N_daily_extent_hires.png>. Acesso em: 4 jun. 2018.

NUNES, L. H.; VICENTE, A. K.; CANDIDO, D. H. Clima da Região Sudeste do Brasil. In: CAVALCANTI, I. F. de A. (Org.). **Tempo e clima no Brasil**. São Paulo: Oficina de Textos, 2009. p. 243-258.

OLIVEIRA, S. M. B. de. Base científica para a compreensão do aquecimento global. In: VEIGA, J. E. da (Org.). **Aquecimento global**: frias contendas científicas. São Paulo: Senac, 2008. p. 17-54.

PBMC – Painel Brasileiro de Mudanças Climáticas. **Base científica das mudanças climáticas**. v. 1: primeiro relatório de avaliação nacional. Rio de Janeiro: UFRJ, 2014a. Disponível em: <http://www.pbmc.

coppe.ufrj.br/documentos/RAN1_completo_vol1.pdf>. Acesso em: 29 maio 2018.

PBMC – Painel Brasileiro de Mudanças Climáticas. **História PBMC**. Disponível em: <http://www.pbmc.coppe.ufrj.br/pt/organizacao/historia>. Acesso em: 29 maio 2018.

PBMC – Painel Brasileiro de Mudanças Climáticas. **Impactos, vulnerabilidades e adaptação às mudanças climáticas**. v. 2: primeiro relatório de avaliação nacional. Rio de Janeiro: UFRJ, 2014b. Disponível em: <http://www.pbmc.coppe.ufrj.br/pt/publicacoes/documentos-publicos/item/impactos-vulnerabilidades-e-adaptacao-volume-2-completo?category_id=7>. Acesso em: 29 maio 2018.

PBMC – Painel Brasileiro de Mudanças Climáticas. **Mitigação das mudanças climáticas**. v. 3: primeiro relatório de avaliação nacional. Rio de Janeiro: UFRJ, 2014c. Disponível em: <http://www.pbmc.coppe.ufrj.br/pt/publicacoes/relatorios-pbmc/item/mitigacao-das-mudancas-climaticas-volume-completo>. Acesso em: 29 maio 2018.

PITA, M. F. El balance de calor em el planeta: calor y temperatura. In: CUADRAT, J. M.; PITA, M. F. **Climatología**. 5. ed. Madrid: Cátedra, 2009a. p. 41-88.

PITA, M. F. La circulación general atmosférica. In: CUADRAT, J. M.; PITA, M. F. **Climatología**. 5. ed. Madrid: Cátedra, 2009b. p. 259-296.

PITA, M. F. La climatología como ciencia geográfica. In: CUADRAT, J. M.; PITA, M. F. **Climatología**. 5. ed. Madrid: Cátedra, 2009c. p. 9-18.

PRADO JÚNIOR, C. **Formação do Brasil contemporâneo**: colônia. São Paulo: Brasiliense, 1996.

RADINOVIC, D. On the Development of Orographic Cyclones. **Quarterly Journal of the Royal Meteorogical Society**, v. 112, p. 927-951, Oct. 1986.

ROCHA-CAMPOS, A. C.; SANTOS, P. R. Ação geológica do gelo. In: TEIXEIRA, W. et al. (Org.). **Decifrando a Terra**. São Paulo: Oficina de Textos, 2000. p. 215-246.

SALGADO-LABOURIAU, M. L. **História ecológica da Terra**. 2. ed. São Paulo: Edgard Blucher, 2001.

SAMPAIO, F. dos S. **Geografia**: 6º ano. 4. ed. São Paulo: Edições SM, 2015. (Coleção Para Viver Juntos).

SAMPAIO, F. dos S.; MEDEIROS, M. C. **Geografia**: 7º ano. 4. ed. São Paulo: Edições SM, 2015a. (Coleção Para Viver Juntos).

SAMPAIO, F. dos S.; MEDEIROS, M. C. **Geografia**: 8º ano. 4. ed.

São Paulo: Edições SM, 2015b. (Coleção Para Viver Juntos).

SAMPAIO, F. dos S.; MEDEIROS, M. C. **Geografia**: 9º ano. 4. ed. São Paulo: Edições SM, 2015c. (Coleção Para Viver Juntos).

SANO, S. M.; ALMEIDA, S. P. de; RIBEIRO, J. F. (Ed.). **Cerrado**: ecologia e flora. Brasília: Embrapa, 2008. v. 1.

SANT'ANNA NETO, J. L. A climatologia dos geógrafos: a construção de uma abordagem geográfica do clima. In: SPOSITO, E. S.; SANT'ANNA NETO, J. L. **Uma geografia em movimento**. São Paulo: Expressão Popular, 2010. p. 295-318. (Geografia em Movimento, v. 1).

SANT'ANNA NETO, J. L. Da climatologia geográfica à geografia do clima: gênese, paradigmas e aplicações do clima como fenômeno geográfico. **Revista da Anpege**, v. 4, n. 4, p. 51-72, 2008. Disponível em: <http://ojs.ufgd.edu.br/index.php/anpege/article/view/6599/3599>. Acesso em: 4 jun. 2018.

SANT'ANNA NETO, J. L. Da complexidade física do universo ao cotidiano da sociedade: mudança, variabilidade e ritmo climático. **Terra Livre**, São Paulo, ano 19, v. 1, n. 20, p. 51-63, jan./jul. 2003. Disponível em: <https://www.agb.org.br/publicacoes/index.php/terralivre/article/view/325/308>. Acesso em: 4 jun. 2018.

SANT'ANNA NETO, J. L. Mudanças climáticas globais. In: AMORIM, M. C. de C. T.; SANT'ANNA NETO, J. L.; MONTEIRO, A. (Org.). **Climatologia urbana e regional**: questões teóricas e estudos de caso. São Paulo: Outras Expressões, 2013. p. 317-352.

SANTOS, L. J. C. et al. Mapeamento geomorfológico do Estado do Paraná. **Revista Brasileira de Geomorfologia**, São Paulo, ano 7, n. 2, p. 3-12, 2006. Disponível em: <http://www.lsie.unb.br/rbg/index.php/rbg/article/view/74/67>. Acesso em: 4 jun. 2018.

SARTORI, M. da G. B. A dinâmica do clima do Rio Grande do Sul: indução empírica e conhecimento científico. **Revista Terra Livre**, São Paulo, v. 1, n. 20, ano 19, p. 27-49, jan./jul. 2003. Disponível em: <https://www.agb.org.br/publicacoes/index.php/terralivre/article/view/187/171>. Acesso em: 12 jul. 2018.

SIMIELLI, M. E. R. **Geoatlas**. 34. ed. São Paulo: Ática, 2013.

SOARES, L. P. **Caracterização climática do Estado do Ceará com base nos agentes da circulação regional produtores dos tipos

de tempo. 241 f. Dissertação (Mestrado em Geografia) – Universidade Federal do Ceará, Fortaleza, 2015. Disponível em: <http://www.repositorio.ufc.br/bitstream/riufc/17688/3/2015_dis_lpsoares.pdf>. Acesso em: 29 maio 2018.

STEINKE, E. T. Prática pedagógica em climatologia no ensino fundamental: sensações e representações do cotidiano. **Acta Geográfica**, Boa Vista, p. 77-86, 2012. Edição especial. Disponível em: <https://revista.ufrr.br/actageo/article/download/1095/869>. Acesso em: 6 jun. 2018.

STEINKE, E. T.; GOMES, K. F. Instrumentação para o ensino de temas em climatologia com material multimídia. **Didácticas Específicas**, Madrid, v. 5, 2011. Disponível em: <http://www.didacticasespecificas.com/files/download/5/articulos/44.pdf>. Acesso em: 6 jun. 2018.

STEINKE, E. T.; STEINKE, V. A.; VASCONCELOS, V. C. Produção científica a respeito do ensino de climatologia nos simpósios brasileiros de climatologia geográfica. **Revista Brasileira de Climatologia**, Curitiba, ano 10, v. 14, p. 132-153, jan./jul. 2014. Disponível em: <https://revistas.ufpr.br/revistaabclima/article/view/38174/23304>. Acesso em: 6 jun. 2018.

SUERTEGARAY, D. M. A. **Deserto grande do Sul**: controvérsia. 2. ed. rev. e ampl. Porto Alegre: Ed. da UFRGS, 1998.

TAVEIRA, B. D. de A. **Processos hidrossedimentológicos em cenários climáticos na bacia hidrográfica do Rio Nhundiaquara, Serra do Mar Paranaense**. 97 f. Dissertação (Mestrado em Geografia) – Universidade Federal do Paraná, Curitiba, 2016. Disponível em: <https://acervodigital.ufpr.br/bitstream/handle/1884/46489/R%20-%20D%20-%20BRUNA%20DANIELA%20DE%20ARAUJO%20TAVEIRA.pdf?sequence=1&isAllowed=y>. Acesso em: 5 jun. 2018.

TEDESCHI, R. G. **Impacto de episódios El Niño e La Niña sobre a frequência de eventos extremos de precipitação e vazão na América do Sul**. Dissertação (Mestrado em Engenharia de Recursos Hídricos e Ambiental) – Universidade Federal do Paraná, Curitiba, 2008. Disponível em: <https://docs.ufpr.br/~bleninger/dissertacoes/138-Renata_Goncalves_Tedeschi.pdf>. Acesso em: 15 jul. 2018.

TORREZANI, N. C. **Vontade de saber geografia**: 6º ano. 2. ed. São Paulo: FTD, 2015a.

TORREZANI, N. C. **Vontade de saber geografia**: 7º ano. 2. ed. São Paulo: FTD, 2015b.

TORREZANI, N. C. **Vontade de saber geografia**: 8º ano. 2. ed. São Paulo: FTD, 2015c.

TORREZANI, N. C. **Vontade de saber geografia**: 9º ano. 2. ed. São Paulo: FTD, 2015d.

VAREJÃO-SILVA, M. A. **Meteorologia e climatologia**. Recife, 2006. Disponível em: <http://www.icat.ufal.br/laboratorio/clima/data/uploads/pdf/METEOROLOGIA_E_CLIMATOLOGIA_VD2_Mar_2006.pdf>. Acesso em: 28 maio 2018.

VIANELLO, R. L. **A estação meteorológica e seu observador**: uma parceria secular de bons serviços prestados à humanidade. Inmet, 2011. Disponível em: <http://www.inmet.gov.br/portal/publicacoes/Publicacao-RubensVianello.pdf>. Acesso em: 6 jun. 2018.

VIANELLO, R. L.; ALVES, A. R. **Meteorologia básica e aplicações**. Viçosa: Ed. da UFV, 1991.

ZANELLA, M. E.; MOURA, M. de O. O clima das cidades do Nordeste brasileiro: contribuições no planejamento e gestão urbana. **Revista da Anpege**, v. 9, n. 11, p. 75-89, jan./jun. 2013. Disponível em: <http://ojs.ufgd.edu.br/index.php/anpege/article/viewFile/6493/3474>. Acesso em: 6 jun. 2018.

ZANGALLI JUNIOR, P. C. **Entre a ciência, a mídia e a sala de aula**: contribuições da geografia para o discurso das mudanças climáticas globais. Dissertação (Mestrado em Geografia) – Universidade Estadual Paulista "Júlio de Mesquita Filho", Presidente Prudente, 2013. Disponível em: <https://alsafi.ead.unesp.br/bitstream/handle/11449/89852/zangallijunior_pc_me_prud.pdf?sequence=1&isAllowed=y>. Acesso em: 13 jul. 2018.

ZAVATTINI, J. A. **Estudos do clima no Brasil**. Campinas: Alínea, 2004.

Bibliografia comentada

BARRY, R. G.; CHORLEY, R. J. **Atmosfera, tempo e clima**. Tradução de Ronaldo Cataldo Costa. 9. ed. Porto Alegre: Bookman, 2013.

A obra de Roger G. Barry e Richard J. Chorley foi traduzida para o português por Ronaldo Cataldo Costa e apresenta uma série de conhecimentos sobre a atmosfera e seus reflexos sobre a sociedade. A obra foi dividida em 13 capítulos, que discutem desde conceitos básicos em Climatologia, presentes no currículo dessa disciplina no Brasil, até assuntos sobre as mudanças climáticas, que ainda dividem muitas opiniões pelo mundo. Trata-se de uma obra rica em conceitos e aplicação da climatologia, possibilitando o aprofundamento de temáticas específicas da física, da química e da mecânica dos fluídos.

MENDONÇA, F.; DANNI-OLIVEIRA, I. M. **Climatologia**: noções básicas e climas do Brasil. São Paulo: Oficina de Textos, 2007.

Um dos livros mais utilizados para tratar da climatologia no ensino superior, *Climatologia: noções básicas e climas do Brasil* é uma referência para toda e qualquer pesquisa, seja de cunho acadêmico, seja para aplicação em sala de aula. O referido livro foi estruturado em sete capítulos: no primeiro capítulo, são discutidos alguns conceitos e a questão da escala nos estudos climatológicos; no segundo, a atmosfera é o foco da análise; no terceiro, há a explanação dos elementos e fatores que condicionam a ocorrência dos diversos tipos climáticos; no quarto, a proposta é discutir a circulação atmosférica; no quinto, a abordagem é a classificação climática do planeta; o sexto capítulo traz uma caracterização dos climas do Brasil; e, por último, o sétimo capítulo traz a discussão de tópicos especiais em climatologia. Como pode-se observar nessa descrição, a obra se assemelha na sua estrutura, porém contempla alguns tópicos a mais do que a proposta do material aqui comentado, como a climatologia na educação. Consiste, assim, em um precioso material que auxiliará no aprendizado da climatologia de uma maneira geral.

Respostas[i]

Capítulo I

Atividades de autoavaliação

1. a
2. d
3. b
4. c
5. d

Atividades de aprendizagem

Questões para reflexão

1. A questão não possui um caráter de certo ou errado. É uma proposta aberta para que o aluno disserte sobre o que foi comentado no capítulo. Obviamente que um texto bem elaborado com uma introdução, falando dos primórdios da relação homem natureza, focando no clima e perpassando por toda evolução dessa relação até os dias atuais, com toda a instrumentalização utilizada nas previsões do tempo, seria uma resposta mais adequada e completa. O objetivo da questão é fazer o aluno propor uma lógica entre a relação homem-clima.

2. O conceito de tempo como "condições transitórias da atmosfera" é estudado por meio de procedimentos metodológicos e técnicas provenientes da física clássica, gerando assim as

---

i. Todos os autores citados constam na seção "Referências".

previsões do tempo, que são o objetivo da meteorologia. Já o clima considerado como "comportamento médio do tempo em um mínimo de 30 anos" apoia o seu embasamento teórico-metodológico na geografia, que, por sua vez, apresenta um ramo de especialização chamado *climatologia*.

Atividade aplicada: prática

1. Atividade individual e pessoal. Cada aluno irá se deparar com diferentes notícias, por meio das quais poderá observar como o uso de conceitos científicos pode se confundir com o senso comum.

Capítulo 2

Atividades de autoavaliação

1. a

2. d

3. d

4. d

5. a

Atividades de aprendizagem
Questões para reflexão

1.
   a) A inclinação do eixo terrestre, 23,5 graus em relação ao plano da eclíptica (plano imaginário que contém a Terra e o Sol), associada ao movimento de translação, faz com que a Terra tenha épocas de diferenças de insolação entre os dois hemisférios (solstícios) e épocas em que a insolação

se equivale em ambos (eqinócio). Essas épocas formam as estações do ano: solstícios de inverno e verão e equinócios de primavera e outono.

b) Nas baixas latitudes, a incidência de energia durante os meses do ano é praticamente constante, não variando muito até mesmo no solstício de inverno (quando teoricamente receberia menor insolação). Já nas latitudes mais altas, nas proximidades do polo, a inclinação terrestre faz com que se perceba mais as estações do ano, com variações de insolação mais notáveis ao longo do ano.

2. De maneira simplificada, efeito estufa é a capacidade da Terra de reter parte do calor que é irradiado pela superfície. Essa retenção impede que o calor se perca na exosfera e mantenha parte da energia responsável pelo desenvolvimento da vida na Terra. Obviamente que o aluno pode utilizar outros argumentos e até mesmo o balanço de energia para uma resposta completa e bem desenvolvida.

Atividade aplicada: prática

1. Atividade individual que preza pela capacidade de interpretação do aluno diante das dinâmicas da paisagem. A atividade tem o intuito de fazer o aluno parar de realizar abstrações, propondo algo mais prático, que traga a discussão conceitual para o dia a dia dele.

Capítulo 3

Atividades de autoavaliação

1. d

2. a

3. b

4. c

5. a

Atividades de aprendizagem

Questões para reflexão

1. O orvalho resulta da condensação do ar quente e úmido em contato com uma superfície fria, fazendo a água condensar rapidamente, formando pequenas gotículas de água. A geada parte do mesmo princípio da formação do orvalho, porém com temperaturas ainda menores, o que faz com que o vapor d'água congele ao invés de formar gotículas. Já a neblina é um orvalho que não se deposita sobre uma superfície, mas se condensa formando pequenas gotículas d'água suspensas no ar.

2. O calor específico da água é superior ao do solo, o que faz com que a água se aqueça e se resfrie mais lentamente do que o solo. Essa diferença de temperatura cria um maior ou menor aquecimento do ar logo acima dessas superfícies, o que gera diferentes gradientes de pressão, fazendo o ar se deslocar em determinadas horas do dia. A água se aquece ao longo do dia e, no final da tarde, está mais quente se comparada ao solo, o que faz com que se crie uma célula de baixa pressão sobre o oceano e de alta pressão sobre o continente, fazendo o vento soprar em direção ao interior. Mas durante a madrugada a água se resfria mais que o solo, o que faz com que o gradiente de pressão seja invertido, criando um deslocamento do ar em direção ao mar.

Atividade aplicada: prática

1. Atividade individual e pessoal. Cada aluno irá se deparar com diferentes realidades, mas espera-se que eles sejam capazes de interpretar a paisagem em que vivem em uma escala bem detalhada.

Capítulo 4

Atividades de autoavaliação

1. c

2. d

3. a

4. c

5. b

Atividades de aprendizagem

Questões para reflexão

1. "Uma zona ou superfície de descontinuidade (térmica, anemométrica, barométrica, higrométrica etc.) no interior da atmosfera genericamente denominada de frente" (Mendonça; Danii-Oliveira, 2007, p. 102). Durante a passagem de uma frente fria e o choque desta com massas de ar mais quentes, o ar quente, menos denso é empurrado para cima e para frente (quando ocorrem rapidamente são responsáveis pela criação de nuvens de chuva intensas).

2. Nas Zonas Polares predomina a atuação da massa de ar polar, principalmente próximo à Patagônia; esse sistema é responsável pela redução das temperaturas e pela umidade na

área. A massa de ar polar se desloca e interage com as superfícies; dessa forma, ao se deslocar em direção ao Trópico de Capricórnio e atingir a Cordilheira dos Andes, torna-se massa de ar polar do Pacífico (MPP) (Mendonça; Danni-Olveira, 2007). Essa nova massa de ar se relaciona com as correntes de água dos oceanos, como a de Humboldt; quando a massa de ar polar é influenciada pelo Oceano Atlântico, torna-se a massa de ar polar Atlântica (MPA).

Atividade aplicada: prática

1. Atividade pessoal. Cada estudante encontrará características diferenciadas ao analisar a realidade local, enfatizando os impactos da variabilidade climática e as relações sociais.

Capítulo 5

Atividades de autoavaliação

1. d
2. d
3. c
4. c
5. d

Atividades de aprendizagem
Questões para reflexão

1. A atividade de convecção se inicia ao oeste da bacia hidrográfica Amazônica (início de agosto) prosseguindo em direção do Sudeste do país, interferindo no período chuvoso na porção Centro-Oeste e Sudeste do Brasil durante o início de outubro

(Carvalho; Jones, 2009). Observe na Figura 5.2, a nebulosidade em noroeste-sudeste sobre a Amazônia e em direção ao sudeste. A ZCAS se mantém por meio dos jatos subtropicais, que permeiam as latitudes subtropicais e os fluxos de baixos níveis que se direcionam ao polo (Mendonça; Danni-Oliveira, 2007).

2. Com o El Niño ocorre a substituição das águas geladas da costa oeste da América do Sul por águas superficiais quentes. Essas águas aumentam a evapotranspiração, fazendo com que a célula de Walker divida-se em dois ramos opostos a partir do Oceano Pacífico Central (Figura 5.4). Na América do Sul ocorre a intensificação das chuvas devido o deslocamento da umidade excedente do Pacífico.

Atividade aplicada: prática

1. Resposta individual. O aluno irá encontrar uma série de reportagens que associam conflitos socioambientais com a presença do El Niño ou La Niña.

Capítulo 6

Atividades de autoavaliação

1. c
2. b
3. a
4. d
5. a

Atividades de aprendizagem

Questões para reflexão

1. Não existe uma resposta correta ou incorreta. Vai depender da capacidade do aluno de buscar uma região e conseguir explicar a dinâmica do clima e descrever suas características, assim como vistas no texto. Provavelmente o aluno irá expor o conteúdo que conseguiu absorver de cada uma das regiões analisadas, já que a assimilação do conteúdo é relativa, variando de pessoa para pessoa.

2. A questão parte de uma interdisciplinariedade, julgando a capacidade do aluno de interpretar a paisagem, algo inerente às atribuições do geógrafo. Cabe, então, ao aluno compreender e discutir a influência do clima em aspectos físicos e humanos da geografia. As relações do conteúdo visto no capítulo com outros conteúdos paralelos podem auxiliar no desenvolvimento da capacidade de fazer as correlações entre diferentes temáticas, não restringindo a busca da resposta ao livro em questão.

Atividade aplicada: prática

1. Espera-se que o aluno, individualmente, busque em diferentes materiais didáticos como o clima do Brasil é trabalhado, voltando sua atenção para a explicação dos fenômenos e dos centros de ação e não ficando restrito à descrição do clima das regiões.

Capítulo 7

Atividades de autoavaliação

1. a

2. c

3. b

4. b

5. d

Atividades de aprendizagem
Questões para reflexão

1. Essas medidas foram criadas para tentar diminuir os impactos ambientais, considerando os problemas que esses impactos causam. A mitigação teria o objetivo de reverter ou eliminar, se possível por completo, os impactos, propondo medidas ou ações sobre estes. Como exemplo de mitigação, temos a redução das emissões dos gases do efeito estufa. Na adaptação, o objetivo não seriam medidas propriamente para redução dos impactos, mas sim aquelas que apontem como conviver após os impactos. Estes podem, sim, ser reduzidos, mas ainda irão existir, por isso a necessidade dessa medida. Como exemplo temos o aumento do nível do mar, diante do qual serão necessárias medidas de adaptação para conviver com o problema.

2. As principais mudanças estariam relacionadas ao menor índice de chuvas na Amazônia e no Cerrado, alterando a biodiversidade local e ocasionando perdas; nas Regiões Sul e Sudeste, está previsto o aumento de chuvas, o que implicará mudanças ambientais locais e regionais.

Atividade aplicada: prática

1. O aluno deverá apontar, com base nas leituras que irá encontrar, as relações do meio antrópico sobre o aquecimento global, comentando sobre os pontos de vista das mudanças climáticas, aquecimentista antrópico e do aquecimento natural da Terra.

Capítulo 8

Atividades de autoavaliação

1. d
2. b
3. a
4. b
5. d

Atividades de aprendizagem

Questões para reflexão

1. Para esta resposta, o aluno tem de apontar que as grandes contribuições do autor estão relacionadas ao clima urbano, sobre o qual ele faz uma análise utilizando os subsistemas termodinâmico (conforto térmico), físico-químico (qualidade do ar) e hidrometeórico (impacto pluvial), os quais passaram a fazer parte das pesquisas climatológicas do Brasil. Espera-se que o aluno escreva um pequeno comentário sobre a aplicação desses subsistemas na interpretação climatológica urbana.

2. Os autores destacam que a climatologia é insuficiente como conteúdo presente na disciplina de Geografia e que sua prática também é condicionada por outros fatores, como a qualificação

dos professores, os materiais disponíveis em sala de aula, entre outros aspectos gerais que dificultam a execução do ensino de qualidade no país.

Atividade aplicada: prática

1. Trata-se de uma resposta pessoal, no entanto, espera-se que o aluno identifique aspectos geográficos de sua região e as atividades que são proporcionadas pelo tipo de clima presente.

Sobre os autores

Adriano Ávila Goulart é professor, autor e editor de conteúdos de Geografia. É doutor em Geografia pela Universidade Federal do Paraná (UFPR), com estágio sanduíche no Centre Européen de Recherche et d'enseignement des Géosciences de l'environnement (CEREGE) Aix-Marseille Université (AMU) (Aix-en-Provance/ França); mestre em Geografia pela UFPR; bacharel e licenciado em Geografia pela Universidade Estadual Paulista Júlio de Mesquita Filho (Unesp). Tem experiência de pesquisa na área de Geografia Física, atuando principalmente nos seguintes temas: biogeografia, geomorfologia e conservação da natureza. É professor do ensino superior nos cursos de Geografia e Ciências Biológicas, nos quais, além da docência, atua como pesquisador e orientador.

Thiago Kich Fogaça é professor, autor e editor de conteúdos da área de humanidades, com ênfase em Geografia. É doutor em Geografia pela Universidade Federal do Paraná (UFPR) e licenciado em Geografia pela Universidade Estadual do Oeste do Paraná (Unioeste). Atualmente, é pesquisador no Laboratório de Climatologia do Departamento de Geografia da UFPR. Tem experiência em pesquisa científica desde o início de sua carreira, na qual se dedicou à iniciação científica em estudos da geografia física, como Hidrogeografia e Climatologia. Foi assistente de laboratório de fotointerpretação do Departamento de Geografia da Unioeste – *campus* de Marechal Cândido Rondon (PR) – e monitor da disciplina de Cartografia Geral durante três anos consecutivos nessa mesma instituição. Atua principalmente nas seguintes áreas: clima e saúde, climatologia, ensino de geografia, políticas públicas, meio ambiente e metodologia de pesquisa.

Anexos

Mapa A – ZCAS em atuação na América do Sul - 2015

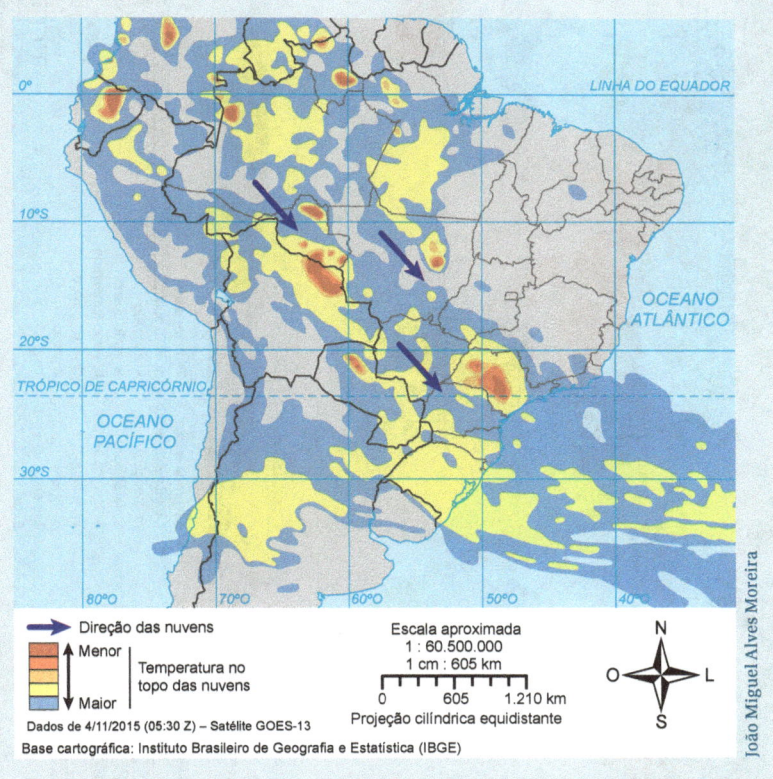

Direção das nuvens

Temperatura no topo das nuvens: Menor / Maior

Escala aproximada
1 : 60.500.000
1 cm : 605 km
0   605   1.210 km
Projeção cilíndrica equidistante

Dados de 4/11/2015 (05:30 Z) – Satélite GOES-13
Base cartográfica: Instituto Brasileiro de Geografia e Estatística (IBGE)

Fonte: Climatempo, 2015.

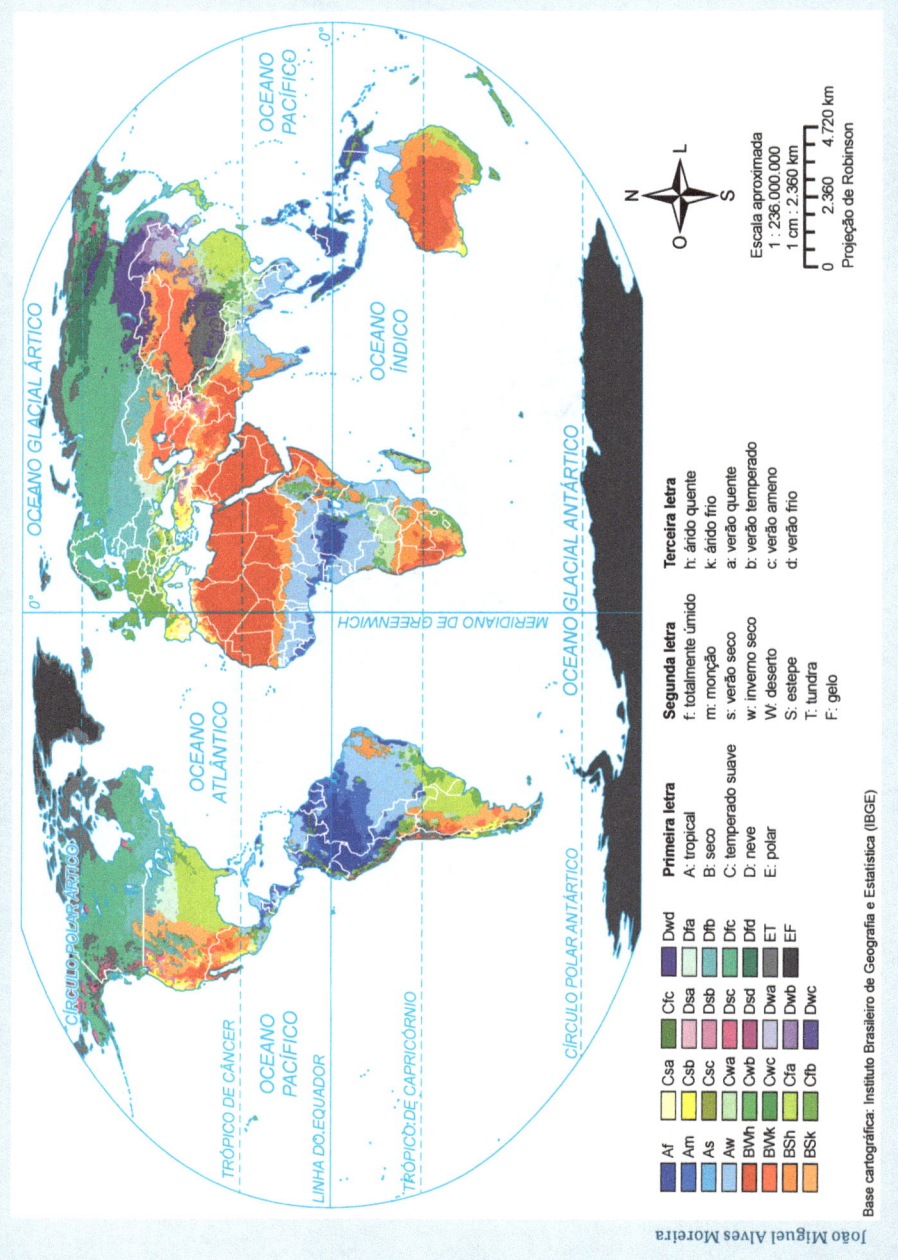

Mapa B – Classificação climática mundial segundo Köppen – 1901-2010

Primeira letra
A: tropical
B: seco
C: temperado suave
D: neve
E: polar

Segunda letra
f: totalmente úmido
m: monção
s: verão seco
w: inverno seco
W: deserto
S: estepe
T: tundra
F: gelo

Terceira letra
h: árido quente
k: árido frio
a: verão quente
b: verão temperado
c: verão ameno
d: verão frio

Af, Am, As, Aw, BWh, BWk, BSh, BSk, Csa, Csb, Csc, Cwa, Cwb, Cwc, Cfa, Cfb, Cfc, Dsa, Dsb, Dsc, Dsd, Dwa, Dwb, Dwc, Dwd, Dfa, Dfb, Dfc, Dfd, ET, EF

Escala aproximada
1 : 236.000.000
1 cm : 2.360 km
0   2.360   4.720 km
Projeção de Robinson

Base cartográfica: Instituto Brasileiro de Geografia e Estatística (IBGE)

Fonte: Hans Chen, 2017.

João Miguel Alves Moreira

Mapa C – Classificação climática mundial segunde Köppen – foco na América do Sul

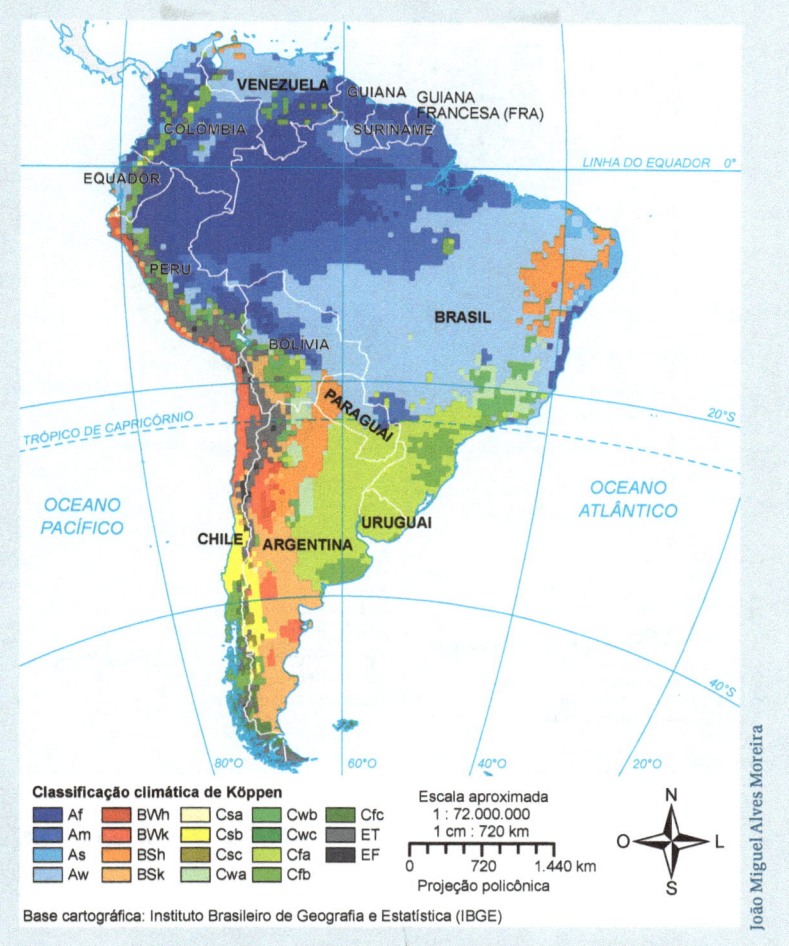

Classificação climática de Köppen: Af, Am, As, Aw, BWh, BWk, BSh, BSk, Csa, Csb, Csc, Cwa, Cwb, Cwc, Cfa, Cfb, Cfc, ET, EF

Escala aproximada
1 : 72.000.000
1 cm : 720 km
0 — 720 — 1.440 km
Projeção policônica

Base cartográfica: Instituto Brasileiro de Geografia e Estatística (IBGE)

Fonte: Hans Chen, 2017.

Mapa D – Classificação climática do Brasil segundo Köppen

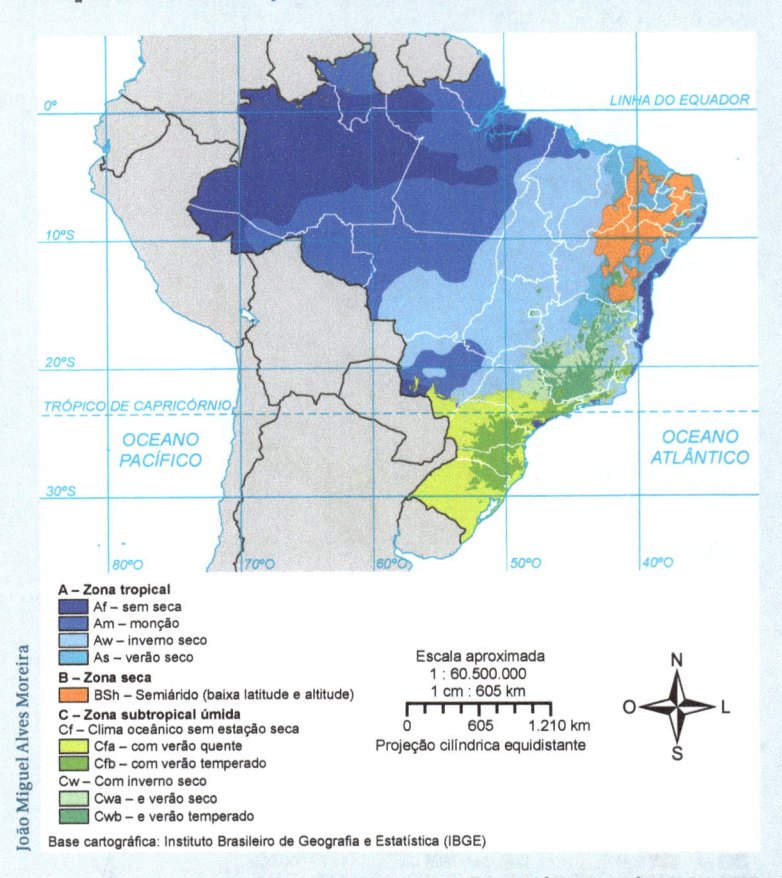

A – Zona tropical
- Af – sem seca
- Am – monção
- Aw – inverno seco
- As – verão seco

B – Zona seca
- BSh – Semiárido (baixa latitude e altitude)

C – Zona subtropical úmida
Cf – Clima oceânico sem estação seca
- Cfa – com verão quente
- Cfb – com verão temperado

Cw – Com inverno seco
- Cwa – e verão seco
- Cwb – e verão temperado

Escala aproximada
1 : 60.500.000
1 cm : 605 km
0   605   1.210 km
Projeção cilíndrica equidistante

Base cartográfica: Instituto Brasileiro de Geografia e Estatística (IBGE)

João Miguel Alves Moreira

Fonte: Alvares et al., 2013, p. 717.

Impressão:
Maio/2023